坦克模型 制作 指南

从部件组装的初步到立体场景的制作

坦克模型 制作指南

从部件组装的初步到立体场景的制作

序言

　　此时拿起本书的您,是否也有过在看到那些完美地再现出实际兵器的坦克模型作品,或者真实地展现出战场的立体场景作品后,心中感到热血沸腾的经历呢?而与此同时,您的脑海里,是否也出现了"虽然我也想要自己动手制作的欲望,但到底都该怎么做呢"的想法?

　　为了回应您心中的这份想法与心愿,本书凭借数量庞大的制作过程照片和详细的解释说明,为您一一解说有关坦克模型的制作方式,一步步地来为您解读制作的每一个步骤。参考过本书中介绍的制作方法后,请您务必亲自动手,试着多练习制作一些坦克模型吧。制作时,或许有时会遇到涂料漫出边框,或许有时会遇到部件破损,遭遇到各种各样的困难和失败,但还请您不要担心。立足于这些失败的经验之上,不断磨练自己的技艺的话,最终,您心中的想法必定会成为现实的"作品",出现在您的眼前的。

　　若是本书能在这方面对您有所助益的话,作为编者,我们将感到无比的欣悦。

CONTENTS

动手制作前必须先记住的坦克用语／004

坦克模型制作的必要工具／008

第1章 初级篇／012

德国重型坦克　虎I初期生产型[TAMIYA 1：35／林哲平]／013

日本陆上自卫队　十式坦克[TAMIYA 1：35／林哲平]／022

日本陆上自卫队　七三式小货卡[Fine Molds 1：35／土居雅博]／033

第2章 中级篇／037

M1A2SEP艾布拉姆斯TUSK II[TAMIYA 1：35／土居雅博]／038

IV号坦克H型　中期生产型 w／Zimmerit抗磁性涂层[Cyber Hobby 1：35／青木周太郎]／052

挑战立体场景制作！"豹式 1945年4月 德国"[Dragon 1：35／山田卓司]／068

第3章 坦克模型制作范例集／084

日本陆上自卫队　十式坦克[TAMIYA 1：35／井上贤一]／085

俄罗斯　T－90坦克[ZVEZDA 1：35／林哲平]／091

动手制作前必须先记住的 坦克用语

虎I篇

动手开始制作坦克模型前，我们需要先来审视一下坦克各部位的名称。如果能够牢牢记住坦克的各个部位的名称，您也将会对逐步图解制作指南中记载的内容理解得更为深刻。此外，这些名称自然也同样可以和其他的坦克相对应，还请各位务必牢记。

（初出：日文版《Hobby Japan》2013年8月号）

① 车长舱盖
车长进出坦克时使用的舱盖。初期时是像照片中一样的上下开闭式的，但因为太过显眼，车长露面时经常都会出现遭遇对方狙击的事件。其后，舱盖被改装成了水平滑动的式样。

② 炉舱
坦克车长（兵人模型的人物）用的发令台。附带有视察装置，可凭借该装置查看周围的情形。

③ 气窗
换气装置。向车外排放炮弹装弹时产生的气体。

④ 消声器和消声器罩
减小引擎排气的噪音。消声器罩上的凹陷和锈迹正是模型表现技艺的最大看点。

⑤ 装弹手舱盖
向主炮装填炮弹的装弹手进出用的舱盖。

⑥ 逃生舱盖
在最初的初期型中，有些车型的此处是手枪射击口，但后来却变更成了舱盖。在过去的照片上，看起来似乎也有从此处搭载炮弹和排出弹夹的情形。

⑦ 灭火器
与现代的灭火器大致相同。

⑧ 千斤顶
修理履带等部位时撑起车辆用的器械。

⑨ 侧面裙甲
保护履带和转轮的装甲，可摘卸。在模型中，作为受损程度的一种展现，有时可对此部位进行一些缺齿或弯曲的加工。

⑩ 烟雾弹发射器
烟雾弹发射装置。发散烟雾，遮挡视线。

⑪ 启动轮
坦克的车轮中唯一一对以引擎的力量回旋的车轮。履带缠绕在该车轮上，拖动坦克移动。

⑫ 履带
由履带板连接成的带子。依靠启动轮来转动，使得车辆能够在颠簸不平的地面上移动。

⑬ 前机枪
装备于车体前部的机枪。用于射击那些敌方士兵易于潜伏的地点等，确保前方道路的安全，同时还能对进攻而来的步兵开枪扫射。

⑭ 备用履带
虎中，大多都装备于前面装甲和炮塔上。同时还能起到加厚装甲的作用。

⑮ 操控手用视察孔
为了方便操控手确认前方状况而设置的孔洞。窗户为防弹玻璃制成。战斗时闭合装甲。操控坦克车时，操控手与车长相互配合，利用视察孔提供的狭窄视野来操控车辆。

⑯ 车外装备品（OVM/On Vehicle Material）
手斧、铁锹、撬棍、缆绳钳等各种装备于车外的工具等的总称。

⑰ 同轴机关枪
装备于主炮的炮架上，向与主炮瞄准方向相同的方向射击的机枪。

⑱ 护盾
覆盖住炮身从炮塔中伸出的开口部位的装甲。正常情况下，该部位是最容易中弹的部位，虎中，该部位的最大厚度可达到110mm。

▲坦克车大致都可以分成如上的3个部分。安装主炮的"炮塔",下方的"车体",履带和转轮则总称为"轮带"。

炮塔
车体
轮带

⑲ **管制前照灯**
车前灯。战时,明目张胆地打开明亮的车前灯是一种很危险的行为,所以一般都会在坦克的车前灯上加上一个开有细缝的灯罩。

⑳ **S型地雷**
这个位于管制前照灯后方的筒状物是用于发射S型地雷(弹跳地雷)的近身防御兵器。

㉑ **挡泥板**
泥水防护装置。拦阻履带卷起的泥土、沙尘等。

㉒ **主炮**
坦克的主要火炮。虎I的主炮为口径88mm的"88mm KwK 36 L/56"。

㉓ **炮口制动器**
抑制主炮发射时的后坐力的装置。

㉔ **杂物箱**
虽然名字听起来很美妙,让人忍不住想要试着发音,但实际上它就是个"杂物箱"。

㉕ **引擎进气管**

吸入引擎的燃烧用的空气。

㉖ **空气滤清器**
过滤引擎燃烧用的空气。尽管装备的是油性湿式滤清器,但为了对应俄罗斯南方和非洲的沙尘,也有部分车辆在外部装备了干式的滤清器。

㉗ **手枪射击口**
为了用手边的枪支射击接近而来的敌人而预留的小窗。

㉘ **引导轮**
除了牵引履带向前运动的作用之外,同时还具有着调节履带松紧程度的作用。

㉙ **转轮**
在履带之上转动的轮子,支撑车体。引擎的马力无法使之转动。

㉚ **前方机枪手兼无线手用舱盖**
负责操控前方机枪和无线电设备的人员进出用的舱盖。

Zimmerit抗磁性涂层

▲第二次世界大战后期,Zimmerit公司研发的一种涂装于德军装甲车辆上的涂层。德军认为,盟军或许也会像他们一样研发吸附式地雷,所以就在装甲车辆上涂抹上了抗磁性的涂层。

参照日本陆上自卫队的十式坦克，查阅日本自卫队车辆的各部位名称。

接下来，我们将一边参照日本陆上自卫队十式坦克的实车照片，一边一一查阅日本自卫队车辆的各部位的名称。本文中登载了细节部位的特写照片，请各位在动手制作时务必仔细参考。图中的十式坦克隶属于静冈县驹门驻屯地的第1装甲教育队第2陆曹教育中队。因TAMIYA的十式坦克套件中也包含了该坦克车的贴花，因而也可以制作再现该车辆。

（初出：日文版"Hobby Japan"2013年9月号）

协助取材/日本陆上自卫队

A			
1	引导轮装置	10	护盾
2	挡泥板	11	排烟器
3	前照灯	12	炮管
4	周边状况确认装置（前方用）	13	炮口瞄准镜
5	管制驾驶灯、方向指示器、管制车幅灯	14	车长用瞄准潜望镜
6	警报器	15	车长用舱盖
7	激光探查器	16	12.7mm重机关枪M2
8	激光探查器	17	炮手用舱盖
9	炮口照合装置	18	炮手用瞄准潜望镜

B			
19	驾驶员相机	23	直接瞄准潜望镜
20	驾驶员	24	车长
21	十式120mm滑膛炮	25	炮手
22	七四式车载7.62mm机关枪		

C			
26	履带	31	侧面模块
27	下部转轮装置	32	激光探查器
28	启动轮	33	天线
29	裙甲	34	环境传感器
30	踏脚处		

D			
35	排气管	37	周边状况确认装置（后方用）
36	牵引缆绳	38	车后货框

各部位细节

接下来,就请众位一起来观看一下十式坦克的各部位细节吧。

①~②履带。可使用栓插式的橡胶块加装履带板。

③牵引钩。

④照片中左起分别为管制驾驶灯、方向指示器(转向灯)、管制车幅灯(判断车间距离)。

⑤~⑥灯的背面。可作为配线的参考。

⑦车体前方左侧。乘员踏脚部位的褪色程度也可作为参考。

⑧周边状况确认装置(后方)。

⑨排气管。其左侧为APU(辅助电源装置)的排气口,下侧并排灯为方向指示器、制动灯(刹车灯)、管制车幅等。

⑩炮塔上部。

⑪主炮的炮口部。因为是滑膛炮,所以炮口内的膛线并未打开。

⑫炮口瞄准镜。炮管上的灰线为瞄准时的参照物。

⑬护盾上侧。为了防水防尘,主炮基部覆盖有帆布罩。

⑭76mm烟雾弹发射器。与勒克莱尔等同样,采用了未裸露到外部的配置。

⑮ 12.7mm重机关枪M2。使用改良型的Quick Change Barrel(QCB)。

⑯车长用舱盖。装备的重机关枪用枪架可360度回旋。

⑰车长用潜望镜。

⑱炮手舱盖。

⑲舱盖开启后,固定舱盖位置时使用的链条。

⑳环境传感器。

㉑天线基部。

㉒装填炮弹时,如照片中所示,开启货框左侧,从炮塔衬垫后方的小型舱盖装入。

㉓~㉔车载工具类。

TOOLS 坦克模型制作的必要工具

现在为大家介绍一下制作坦克模型时不可缺少的制作工具。本次介绍的工具几乎可以使用在所有的坦克模型制作中,其他的模型也能用到。下面我们就分别看看吧。

薄刃斜口钳
● TAMIYA ● 2520 日元

比TAMIYA发售的精密模型钳的刃尖更细更薄,剪切部件用的模型钳。同样也可对应坦克模型的纤细部件。有了它的话,您就不必再为剪切部件而大费周章了。必要度No.1的工具。

模型用雕刻刀
● TAMIYA ● 735 日元

可装配刃尖4mm宽的小型刀刃的笔杆。捏握部分的防滑部位较大,笔杆为八角形,不易滑落是它的最大特征。附带刃尖的尖端角度为30度的替换刀刃。

模型用笔刀
● TAMIYA ● 777 日元

可装配与OLFA的美工刀同样形状的刀刃的笔刀。为了防止从桌上滚落,笔杆上带有防滑纹路是它的最大特征。

切割垫
● TAMIYA ● 1029 日元

使用切割刀等物品时候垫在下面的垫子。这是一种模型制作时必不可少的垫子。同时还能保证作业时桌子不受刃尖损伤。还有A3尺寸(1470日元)。

薄刃手锯
● TAMIYA ● 1365 日元

适用于直线切割的锯子。相较于钳子和剪子来说,它的使用频率较低,但如果能够准备上一把的话,那么在进行船体或舰船底部的切断等作业时将会发挥出强大的威力。刀刃的厚度为0.25mm,属于"拉割"式。附带一块备用的替换刀刃。

TAMIYA 胶水 (流缝式) (40ml)
● TAMIYA ● 315 日元

附带极细描笔的流缝式黏合剂。因为这是一种不含树脂的溶剂型胶水,所以黏度较低。使用时,先将要黏合的部件组合在一起,然后再把它注入到部件之间的缝隙中。

TAMIYA 胶水 (方形瓶) (40ml)
● TAMIYA ● 210 日元

黏合剂的不二之选。瓶盖上带有毛刷。这是一种具有一定的黏度的塑胶用黏合剂,瓶子形状重心较低,不易翻倒。

Mr.CEMENT S (流缝式)
● GSI CREOS ● 262 日元

瓶盖上附带有细尖笔的流缝式黏合剂。具有干燥较快,不会对表面细节和涂装面产生影响的特征。在制作坦克模型时用于黏合主要的部件。

※此价格已包含5%的消费税。

乐泰 Gel Plus
黏稠状

● Henkel ● 直销价

黏稠状的强力瞬间黏合剂。在黏合细小部件或金属部件的时候效果最佳。干燥后的强度也很高。

瞬间黏合剂 ×3S
High Speed

● WAVE ● 472 日元

WAVE发售的瞬间黏合剂，硬化时间较短、很少出现白化现象。该黏合剂的黏度较低，很适合用于流缝作业。即便是细小部位也能稳固固定。3支装。

打磨
砂纸

● TAMIYA ● 126 ~ 189 日元

使用磨刀石粉和碳化硅制成的砂纸，干磨、湿磨两用。部件整形时不可或缺的工具。号数有180~2000号的10种。3张装。

精密尖角镊
（直线型）

● TAMIYA ● 1260 日元

捏握力直接传导到尖端上的直线型尖角镊。通过精密研磨加工制成的锋利尖端，可牢牢地捏住较为细小的部件。

打磨棒
HARD-4（细尖型）

● WAVE ● 315 日元

在牢固的基底的两面装配上砂纸的打磨棒。细尖型很适合精细的作业。适用于机翼两端和机身上的分樽线处理以及突出边缘部分。

TAMIYA
聚酯
补土（40g）

● TAMIYA ● 588 日元

由2种液体混合的聚酯补土。为黏稠状，所以也不会收缩。无论是填补连接处的空隙还是整形，都很方便。

TAMIYA 补土
（基础型）

● TAMIYA ● 262 日元

修补零件的缝隙、凹陷和小孔时使用的基础补土。硬化后几乎不会收缩。

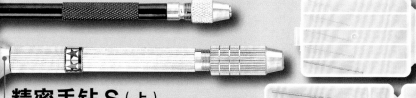

精密手钻 S（上）
精密手钻 D（下）

● TAMIYA ● 840 日元（上）、1365 日元（下）

"开孔"时使用的工具。手钻S可安装0.1mm~1mm的钻头。手钻D则对应0.1~3.2mm的钻刃。

极细钻刃
套装
（0.3mm、0.4mm、0.5mm、0.6mm、0.8mm）（上）

极细钻刃
套装
（1mm、1.5mm、2mm、2.5mm、3mm）（下）

● TAMIYA ●各 1050 日元

与左图介绍的手钻相对应的钻头套装。放置于专用的盒子中。使用极细钻刃的话，可钻出0.3mm、0.4mm之类的极为细小的孔洞。

万年涂料皿

● 万年社 ● 105 日元

一盒10个。用于将涂料倒出瓶子、稀释调色时的涂料皿。除了用作涂料皿之外，还能活用于归类整理细小部件。

Mr.COLOR

● GSI CREOS ● 168 日元起

最为流行的模型用涂料。除普通色彩外，还有分门别类、面向各种模型领域的特别色彩。坦克模型专用的涂料方面，有"日本陆上自卫队坦克色"（525日元）。

Mr.COLOR Leveling 稀释剂（特大）

● GSI CREOS
● 945 日元

用来稀释涂料的稀释剂。Leveling稀释剂可延缓涂料的干燥时间，减少涂装涂料的凝结。推荐各位购买特大号瓶装。

Mr. SPARE BOTTLE（备用瓶）

● GSI CREOS ● 210 日元（左）、157 日元（中）、84 日元（右）

用于调合、稀释、保存涂料的空瓶。有18ml、40ml、80ml 3种。

遮盖胶带（带盒）

● TAMIYA ● 262 ~ 367 日元

分别涂装和遮盖不需涂装的部位时粘贴的胶带纸。照片中为18mm宽。同时还有替换用的胶带（各231日元）。宽度分别为6mm、10mm、40mm。

调色棒（2 支套装）

● TAMIYA ● 315 日元

用于搅拌涂料和调色时取出少量涂料的调色棒。调色棒的一头为扁平状，而另一头则为匙状。

TAMIYA 模型用笔刷 HF 标准套装

● TAMIYA ● 735 日元（含税）

套装包含平头No.2（6mm）、平头No.0（4mm）、细描笔（极细）3支。毛尖齐整聚拢，富有弹性。

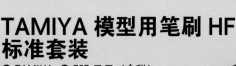

TAMIYA COLOR ENAMEL 涂料

● TAMIYA ● 157 日元 ~ 210 日元

笔涂或喷涂用的釉质涂料。最大的特征为凝聚力较强，较难倒出。使用专用溶剂稀释后，也可用于入墨和洗涂。

入墨涂料

● TAMIYA ●各 378 日元

事先已将浓度稀释到适合入墨作业的涂料。瓶盖上附带笔刷，可立刻动手作业。根据用途不同，分为黑色、棕色、灰色和暗棕色。

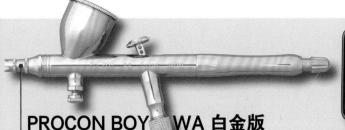

PROCON BOY　WA 白金版
Ver.2 双运作方　式

● GSI CREOS ● 13965 日元

　用气流喷涂涂料时使用的工具。一般搭载的是0.3mm的喷管，本机自体搭载有控制气流用的Airjust系统和令喷涂更加柔顺流畅的Semi Easy Soft B-utton机构。

Mr. 线性空气压
缩机 L7

● GSI CREOS ● 36750 日元

　制造喷涂涂装时必须的气流用的装置。按价格、性能等方面不同推出了多种制品。GSI CREOS的L5、照片中的L7都可以说是最为流行的空气压缩机。

SPRAY WORK
喷涂机 II
（单风扇）

● TAMIYA ● 17640 日元

　室内使用的支援喷涂涂装的强力设备。同时还有装备了2台多翼风扇的双风扇版本（26040日元）。此外，其设计在种类繁多的涂装机中也可谓相当秀逸。

喷涂的设置
工作和涂装
的诀窍

　与其他工具不同，因为喷笔的使用方法较为特殊，所以需要在这里稍作说明。关键在于要仔细理解说明书上所写的内容，依照次序展开工作。因为喷涂设备都是一些较为纤细的工具，所以说明书上禁止的行为和粗暴的操作都会造成设备的损坏。喷涂工具不但价格较高，而且还很难入手。因为这些设备和工具都会陪伴着众位一同走过接下来的模型生涯，所以请各位务必小心对待。接下来，就将其中的重点压缩到以下几点。

▲因为气流软管有很多种形状的接头，所以需要准备适合喷笔和压缩机的软管，安装时要注意避免漏气。

▲在压缩机的气流喷出口上安装软管。在安装调节器（具有减压、去除水分、气流分支等机能的装置）时也需要仔细阅读说明书。

▲使用调色棒均匀搅拌涂料瓶中的涂料。如果搅拌不均匀，不能充分混合的话，就无法展现出原本的色彩了，所以需要仔细均匀地进行搅拌。

▲为了将涂料调整为适合喷涂的浓度，将搅拌均匀的涂料转移到空瓶中。涂料和稀释剂的比例为1：2，请对照空瓶的刻度转移涂料。

▲之后倒入稀释剂。注入稀释剂时，可以像照片中一样使用注入口盖子，也可以用移液管一点点地注入需要的量的稀释剂。

▲将涂料和稀释剂搅拌均匀后，转移到喷枪的涂料罐中。因为转移的时候需要用到两只手，所以事先要用专用的立架或者固定架固定好。

▲尝试实际喷涂。按下按钮后就会有气流喷出，往后拉就会喷出涂料。照片中往后拉得较轻，所以喷出的涂料的量也较少。

▲再往后拉的话，涂料的喷出量也会增加。虽然距离、气流大小都和左侧的照片一样，但往后拉的多少会彻底影响到喷涂的质量。

▲往后拖拉到最大限度，以最大流量喷涂涂料的效果。因为喷涂量过大，涂料出现了滴落现象。为防止这样的情况发生，实际喷涂前请务必尝试试喷涂。

▲涂料的稀释浓度也会影响到喷涂的质量。照片中左侧线条的涂料稀释过度，色彩过淡。中间线条浓度适中，右侧线条的涂料浓度过浓。请各位务必注意将涂料调整到适当的浓度。

第1章
初级篇
Beginner

首先，我们先以"TAMIYA 1：35比例虎I初期型"和"TAMIYA 1：35比例日本陆上自卫队十式坦克"为题材，看一看坦克模型的入门基础吧。本章中介绍的技巧可说是坦克模型制作方面的固定技巧，适用于所有坦克。职业模玩人也采用了同样的制作方法，通过大量的模型制作积累经验，提高此类的制作方式的精度，制作出了许多优秀作品。介绍的内容中，或许也存在一些难点，但请各位不要畏惧，大胆挑战。接下来，我们就来敲响坦克模型制作的大门吧。

虎I 制作讲座

制作·文/林哲平

初期生产型

TAMIYA 1:35 scale plastic kit
GERMAN TIGER I TANK Early Production
modeled by Teppei HAYASHI

1：35比例军事模型系列 No.216 德国重型坦克 虎I（初期型）
●发售商/TAMIYA ●4200日元 ●1：35，约25cm ●塑胶套件

用坦克模型的王道"虎I"来学习制作的基础！

无数的坦克模型中的最大明星就是德军的重型坦克虎I了。这辆可称之为王道的坦克，同时也是学习坦克模型制作技术的最佳素材。在此，我们选取"1：35比例军事模型系列 No.216 德国重型坦克虎I初期生产型"，借此来亲眼目睹一下坦克模型的制作工程。此外，初期生产型的制作中并不需要进行Zimmerit覆膜，对那些希望尝试制作虎I或者对坦克模型抱有兴趣的人来说，可谓是一套最为适合的套件。TAMIYA出品的制品，部件构成与契合都极为良好，任何人都能制作出帅气威风的虎I来。接下来，就请众位一起来亲眼见识一下坦克模型制作的基础吧。

〔初出：日本版《Hobby Japan》2013年8月号〕

1 部件的剪切与整形

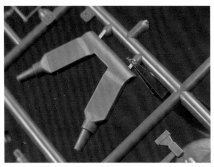

▲剪切部件。使用TAMIYA的薄刃斜口钳，剪切时稍稍留下部分水口。剪切时务必留意，切勿让斜口钳的刀刃损伤到部件。

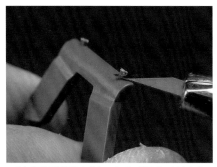

▲将部件从板材框架上剪切下之后，使用笔刀削去部件上残留的水口。切削时务必注意刀刃，切勿损伤到部件。

▲为了使用笔刀切削过的部位显得更加平整，使用400号砂纸对水口部位进行打磨。

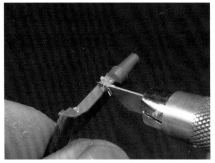

▲为了便于整形，部分部件上存在有分模线。使用笔刀刀刃对分模线进行刨削，打磨平整。

▲部件的剪切、整形工作就此完成。用砂纸对刨削过的带有分模线的部分进行打磨，使部件显露出原本的形状来。

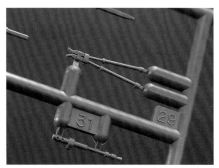

▲接下来，我们将开始动手剪切整备照片中的钳子之类的细长部件。

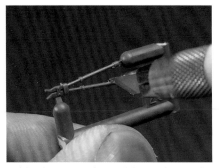

▲首先，我们剪切对象并非部件本身，而是部件周围的板材框架。此时，需要使用笔刀对部件的分模线进行刨削处理。

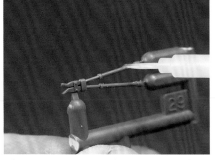

▲想要对刨削细长部件的分模线后留下的塑胶毛刺进行整形，可采取在整形后部件表面上稍稍涂抹少量的流缝胶的方法。

▲消除过分模线后，剪切下部件。水口等部位可用笔刀清除干净。务必留意，千万不要弯折到部件。

▲虎I的制作过程中，需要对多达48个的转轮进行整形。为了提高制作的效率，此处我们采用了直接使用斜口钳将部件从框架上剪切下的方式。

▲使用斜口钳直接剪切下部件后，再连同水口在内，用金属锉刀进行打磨。即便打磨得稍过，也可以在完成制作进行旧化处理时候覆盖住，因而可以大胆对该部件进行整形。

▲全部整形完毕后，该部件的数量竟有如此之多。关键在于提高制作效率，保持制作热情。

2 各部件的组合

▲接下来，我们将开始动手组合部件。该模型的车体部件由较大的平面构成，很容易出现歪斜。组合部件前，为了确保部件之间的契合，可事先对部件进行临时组装。

▲临时组装后，如果没有什么大问题的话，使用流缝胶对部件进行黏合。黏合时需注意，不要注入过量的黏合剂，也不要让黏合剂流到不需黏合的部分去。

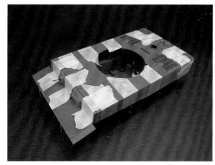

▲黏合后，为了避免部件出现歪斜，可在车体等较大的部件上粘贴上遮盖胶带，牢牢固定住。

▲等黏合剂完全干燥后，揭下遮盖胶带。如果黏合面出现歪斜的话，之后就会在很大程度上影响到制作完成后的美感，所以这一步一定要做好。

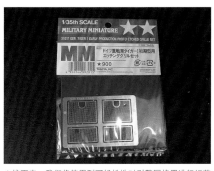

▲接下来，我们将使用到可轻松地对引擎网格罩进行细节提升的TAMIYA的纯正蚀刻部件"引擎网格罩套装"（800日元）。

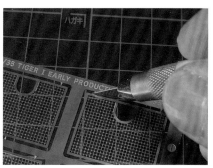

▲蚀刻部件的切割工作方面，可将部件放置按压到切割垫上，使用笔刀来进行切割。

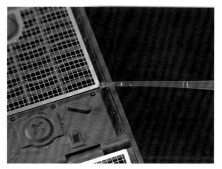

▲切割下引擎网格罩之后，将罩子放置到指定的位置上，注入瞬间黏合剂。黏合蚀刻部件时，需要使用到瞬间黏合剂。

▲在引擎网格罩位置上粘贴上蚀刻部件之后的状态。该部件只需粘贴便可一口气提高模型整体的完成度，希望各位务必尝试使用。

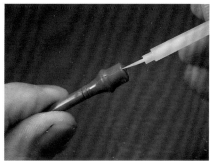

▲组装可谓之坦克生命的炮管。首先，用流缝胶黏合部件。

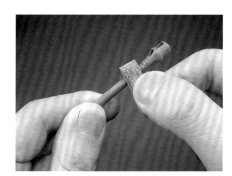

▲炮管的部件会在正中的部位上残留下结合缝，所以操作时务必要千万小心。等黏合剂完全干燥之后，使用400号砂纸仔细打磨结合缝所在的部位。

▲消除过炮管上的结合缝之后，再对炮口的结合缝进行处理。将卷起的砂纸伸进炮口里，来回旋转，对炮口进行整形。

▲炮管整形结束后的状态。整形后，需仔细确认结合缝的整形是否完美。

▲提升车载重机枪的细节。为了方便整形，枪口并未开启。将笔刀的尖端戳到枪口的中心部位上不断回旋便可开启出较有真实感的枪口来了。

▲如照片中所示，开口后，已再现出了枪口原有的状态。如果不将笔刀的刃尖抵到部件的中心进行回旋的话，边缘部分便会出现污损，所以作业时必须小心谨慎。

▲接下来，我们来看一下把手之类的细小部件的安装方法。这类部件经常会出现丢失或者破损现象。

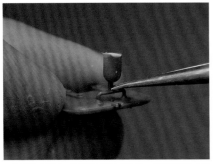

▲如照片中所示，从板材框架上剪切时，需要留下较大的水口，使用尖嘴镊等易于操作的工具，将把手安装到指定的位置上去。

▲把手部件的黏合剂完全干燥之后，用斜口钳剪除水口，之后再用笔刀将剪切过的水口痕迹打理干净。

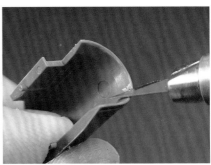

▲排气管罩的边缘方面，因整形上稍稍较厚的缘故，所以如果能用笔刀尽量削薄的话，可更进一步地提升精密度。

▲用笔刀打薄后，再使用400号砂纸进行打磨，整备干净。如照片中所示，该部件的精密度立刻得到了大幅度的提升。

▲带式履带方面，为了避免部件浮动翘起，黏合后需用书夹之类的工具进行固定，等黏合剂完全干燥之后再拿掉工具。

▲黏合剂干燥之后，将履带安装到转轮上去。需要注意的是，如果干燥得不够充分的话，那么在安装时履带很可能会散掉。

▲履带会因为重力，沿着转轮的轮廓耷拉下来。为了再现这方面的细节，需用瞬间黏合剂将履带固定到转轮上。黏合时可在缝隙间塞入手帕纸之类的物品，使二者紧密黏合到一起。

◀黏合完成后，拿掉手帕纸。如照片中所示，履带的耷垂现象已经完美再现出来，看起来感觉也更像是一辆真正的坦克了。请各位务必尝试再现一下这种耷垂现象。

3 虎I的涂装和贴花的粘贴方法

▲坦克模型的魅力之一就在于可以在完成组装后再一次性地展开涂装工作。为了方便展开涂装工作，可以在纸杯等物品上贴上双面胶，把部件粘贴到纸杯上，制作一个涂装时握持部件的握持部位。

▲用喷涂的方式对模型整体涂装上野黑，制作基底色。使用暗色系的色彩作为基底色的话，可以避免部件因光线而显露，显得更有重量感。

▲考虑到后半部分的洗涂会造成色彩暗淡的现象，以中性灰为基础，加入灰白色，将色调调整得稍微明亮一些，以灰色进行涂装。

▲用上野黑来涂装转轮的橡胶部分。即便稍有色彩漫溢，之后经过旧化处理后便会不再显眼，所以即便涂装时稍微粗略一些，也不会有什么太大问题。

▲转轮涂装完毕后，对履带进行涂装。使用桃木色和上野黑混合后形成的暗棕色进行喷涂。

▲车体、炮塔、履带等轮带周边部分涂装完毕后的状态。从多个方向和角度展开观察，确认是否存在有漏涂的部位。如果没有问题，便可转入到下一步工作中去。

▲基本涂装完全干燥之后，使用TAMIYA的暗棕色入墨涂料和宽度较大的笔刷对车体整体进行洗涂，使车身整体的色调变得灰暗下来。这样的步骤叫洗涂。

▲整体洗涂完毕之后的状态。之后，再用蘸有釉质溶剂的笔去除掉多余的暗棕色，提升整体的真实感。

▲车体侧面采用蘸有釉质溶剂的笔自上而下地拭去涂料，再现出雨水冲刷过的痕迹，提升真实感。

▲洗涂完毕后，动手粘贴贴花。为了防止贴花出现反光现象（Silvering，贴花边缘的白色部分出现刺眼的反光），要尽可能地多剪除掉些白边。

▲沾水之后，立刻拽起贴花，放置到手帕纸上，让手帕纸吸掉多余的水分。

▲在剪去白边后，"332"的标志便会彻底分散开来。为了避免出现歪斜，需要预先在粘贴贴花的位置附近粘上遮盖胶带，之后再沿着遮盖胶带指示的位置来粘贴贴花。

▲将贴花设置到正确的位置上之后，拭去水分。此时要留意，不要将贴花弄歪了。

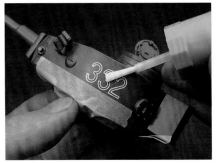

▲炮塔之类的曲面部件上，为了使贴花与部件的贴合更加紧密，需要涂布标志软化剂。如果涂抹得剂量过多，可能会对贴花造成损伤，所以涂抹时要涂抹得淡薄一些。

▲涂抹过标志软化剂之后，将蘸水的棉棒按压到贴花上，轻柔地来回滚动，摊平贴花上的褶皱。如果用力过度的话，会造成贴花破损，所以此时务必要小心留意。

▲贴好"332"的标记后，将十字贴花贴到指定的位置上。之后的24小时内，暂时保持这样的状态，让贴花充分干燥。

▲贴花干燥后，使用SUPER CLEAR消光剂和纯基色调整贴花和整体的光泽，贴花和部件的一体感也就能体现出来了。

▲接下来，对边角和舱盖的缝隙等部位进行掉漆处理。用REAL TOUCH MARKER（GSI CREOS/各210日元）的REAL TOUCH MARKER 2，在部件上随意描绘多处小点。

▲虽然也可以使用画笔来描画，但使用REAL TOUCH M-ARKER的话，掉漆处理的工作将会变得更加轻松，而如图所示，效果也将更加细腻，所以向众位大力推荐！

▲对于那些更为细小，使用硬笔和画笔都难以再现的掉漆部位，可以活用海绵来进行处理。在海绵上蘸上釉质涂料，然后再用海绵在部件上轻点。

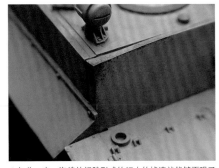

▲如此一来，海绵的间隙形成的细小的掉漆就能够再现了。因为海绵间隙的粗细会形成不同的效果，所以请事先多准备几块间隙大小不同的海绵。

▲在部件的凸起部位放置涂料，使用"干刷"的方法增强立体感。用手帕纸擦拭沾在笔尖上的釉质涂料，直到颜色基本上再无法沾上为止。

▲本次使用的颜色为淡蓝和纯白。用笔尖摩擦凸起部分，之后再用残余在笔尖上的少许涂料来着色。

▲如此一来，手枪射击口的立体感就强调出来了。干刷的诀窍在于千万不要处理过度。如果处理过度的话，部件的凸起部位也会被过度强调，反而打破了先前的自然氛围。

▲转轮方面，也使用同样的方法来进行干刷。如照片中所示，用干刷的方法，也可以修整先前在基本涂装时漫溢出的涂料。

▲接下来，使用干粉涂料，尝试挑战旧化处理。首先，用砂纸将干粉涂料磨成粉末状。注意一定要使用干粉涂料，不可使用湿粉涂料。

▲将干粉涂料刷入到履带的缝隙间。此时的刷入可稍多一些，展现出泥土嵌入到履带缝隙间的感觉来。

▲干粉嵌入完毕后，再在干粉上用银色进行干刷。千万不可过度，避免履带呈现出光泽过度的状态来。

▲进行过旧化处理后的履带。泥土用干粉涂料来展现，和地面接触后裸露出的金属色则用银色来表现。旧化处理到与实车沾污后相同的程度即可。

▲放置于车体上的各种OVM等，也需要按照Inst（组装说明书）上的指示，仔细用笔细心涂装，切不可出现色彩漫溢的现象。

▲为了展现出使用感来，OVM等物也需要进行旧化处理。首先先将茶色系的干粉涂料溶解到水中。

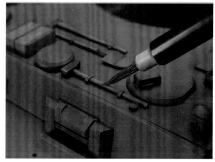

▲在笔尖上蘸上干粉涂料，对OVM的木质部分进行涂装。涂装时要注意让部件看起来就像是真的是放置在车上一样。

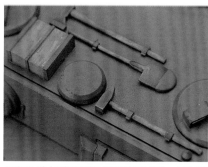

▲对OVM的木质部分展现过使用感后的效果。之后再用银色对金属部分进行干刷。

▲之后再对标记部分进行旧化处理。在对此部分进行旧化处理时，为了展现煤灰等效果，可在贴花上稍稍涂抹一些灰色系的干粉涂料。

▲展现哑光金属效果方面，也可以采取使用铅笔的办法。先用砂纸将铅笔的笔芯磨成粉末状。

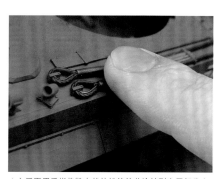

▲之后再用手指将粉末状的铅笔笔芯涂抹到金属部分上。当然了，也可以沾到画笔上，然后以干刷的要领进行涂抹。

TAMIYA 1：35比例虎I初期生产型完成！

GERMAN TIGER I TANK Early Production

经历过先前的工序之后最终完成的虎I。从部件的组装到基本涂装，然后再到为了展现使用感而对各个部件实施的旧化处理，制作出更具真实感的作品。此处介绍的各种技巧基本上可适用于所有的坦克，只要能够掌握好这些技巧，想必就应该能够动手制作大部分的坦克模型了。此外，在完成品中，我们还尝试搭载上了附带于套件中的坦克车长的兵人模型。至于是否要搭载兵人模型，可根据各位玩家的个人喜好进行选择。从即将开始的十式坦克的逐步图解制作指南中，我们将同时介绍一些有关兵人模型的涂装方法，还请各位务必留意。

TAMIYA 1:35 scale plastic kit
GERMAN TIGER I TANK Early Production
modeled by Teppei HAYASHI

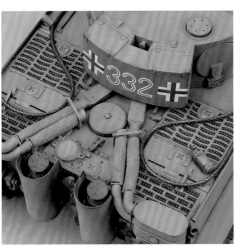

▲粘贴TAMIYA的专用蚀刻部件，使引擎网架的细节显得更为细腻。此外，还可以在消声器部位上追加铁锈表现。

▲贴花方面，为了避免出现反光效果，需尽可能将白底剪切掉。为了避免出现歪斜现象，需在粘贴时尽可能沿导线粘贴到正确位置上，尽量提升完成后的视觉效果。

▲用干粉涂料展现蘸到履带上的泥土。涂抹上干粉后，再干刷银色，展现出更为真实的使用感来。

▲兵人方面，消除过分模线，进行过整形处理后，为了方便涂装，将模型固定到握把上。此处我们用AB补土块制作成了握把。涂装时使用了TAMIYA丙烯涂料，依照说明书上的涂装指示细心涂装。细节部位的涂装方面，需要使用极细的细描笔来仔细涂装。

TAMIYA 1:35 scale plastic kit
JGSDF TYPE 10 Main Battle Tank
modeled by Teppei HAYASHI

十式坦克

日本陆上自卫队 制作讲座

用TAMIYA最新套件"十式坦克"来学习现役坦克的制作法!

紧随虎I之后,我们将以TAMIYA最新的现役坦克套件"日本陆上自卫队十式坦克"为题材,请大家一起来观看一下现役坦克的制作方法。在本篇当中,请各位务必学会唯有现役坦克中才能学习到的传感器周边的制作和日本自卫队的迷彩涂装技巧。此外,我们还将为各位献上有关兵人模型的涂装法。

日本陆上自卫队 十式坦克
● 发售商/TAMIYA ● 4830日元
● 1:35,约27.3cm ● 塑胶套件

制作・文/林哲平

1 部件的剪切与整形

▲首先，先将转轮部件剪切出来。转轮部件中，制作完成后，水口部分便会变得不再显眼，可以使用用斜口钳直接剪切的方式来剪切。

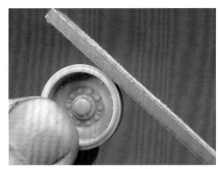

▲剪切下部件后，使用金属锉刀或纹路较粗的砂纸进行打磨。加快整形工序，提升制作效率。

▲部件的剪切、整形完成后的状态。对于这些制作完成后便不再显眼的部件来说，可以采取大刀阔斧地整形的方式来提高制作效率。然后，我们就可以动手进行组装了。

▲接下来，我们再以炮塔护盾为例来看一看具体的过程。该部分在完成之后极为显眼。首先，我们先稍留下一些水口，将部件剪切下来。

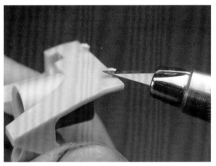

▲之后再用美工刀削除水口部分。在动手制作前将美工刀的刀刃更换成全新的，那么之后不但刀刃锋利，也能整洁干净地对部件进行整形。

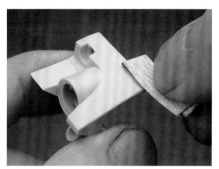

▲切除掉水口之后，用400号砂纸将水口痕迹打磨干净。

▲部件整形结束后的状态。现役坦克往往给人一种较为整洁的印象，如果遇到这种情况的话，可再使用600号砂纸进行打磨。

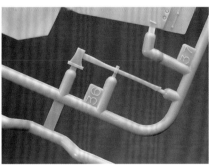

▲类似手斧之类的纤细部件，可在剪切下之后进行整形。对于这类较为纤细的部件，作业时需多多留心。

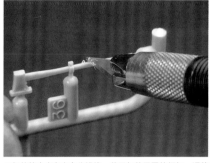

▲部件的中央存在有分模线。剪开部件周围的框架，调整到加工较为顺手的状态之后，使用美工刀来削除分模线。

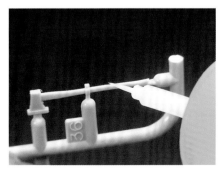

▲如果在削除分模线的时候造成部件表面毛糙，可使用涂抹少许流缝胶的方式来对部件表面进行平滑处理。

▲手斧部件整形完成后的状态。正如照片中所示，剪切下的部件表面光滑，同时也消除掉了先前的分模线。对于这类纤细微小的部件，如果能在彻底剪切下之前展开处理的话，作业时也会得心应手一些。

▲带式履带方面，在黏合部分上充分涂抹上黏合剂后进行黏合。为了避免部件本身出现蜷曲而造成歪斜扭曲，可用书夹夹住黏合部位。

② 消除部件的黏合缝与提升细节

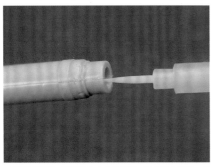

▲使用流缝胶，稳固黏合十式的炮管。注入黏合剂时，需注意不要注入过量。此外，黏合后需要保持24小时左右的时间，确保黏合剂充分干燥。

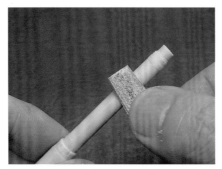

▲黏合剂完全干燥后，使用400号砂纸，以结合缝为中心进行整形。打磨时要留意，千万不可让部件变成椭圆形的形状。

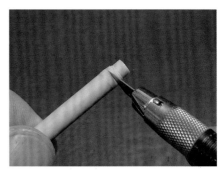

▲在消除结合缝时，若是同时将炮管上的细节纹路也消除掉了的话，可使用美工刀在炮身上雕刻，重现原先的细节纹路。

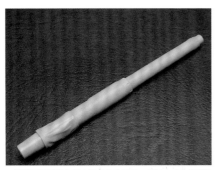

▲炮管可谓是整辆坦克的生命和灵魂，所以在对炮管消除结合缝和整形时，一定要小心仔细。检查时，若是发现还残留有结合缝，可采取注入瞬间黏合剂，之后再度打磨的方式来处理。

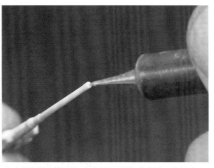

▲对部件进行整形时，可同时对原先并未开口的12.7mm重机枪M2的枪口进行开口。首先，先用细描针等物品在需要开口的部位做好标记。

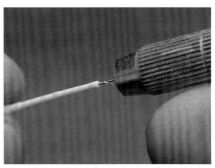

▲使用0.3mm手钻，在做过标记的位置上进行开口。如果稍有歪斜，那么部件就会出现破损，所以开口时转动手钻的节奏需缓慢一些。

▲M2机枪枪口的再现。因为M2机枪的枪口并不是喇叭状的，所以使用极细手钻来进行开口的话感似乎更接近实物一些。

▲前照灯在完成后会较为显眼，所以我们尝试进行了一些细节提升，在灯光部位稍作改造，镶嵌上透明部件。

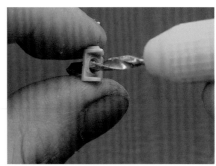

▲首先，为了嵌入透明部件，需要对部件进行开口。因灯光部分的直径约为3.5mm，所以先用3mm的钻子开口。

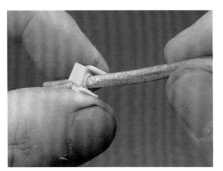

▲用钻头开口后，使用卷起的砂纸进行打磨，慢慢扩大开洞口直径。一边留意整体的平衡，一边慢慢整形。

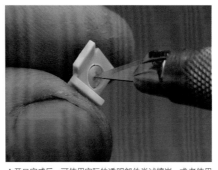

▲开口完成后，可使用实际的透明部件尝试镶嵌，或者使用直径相同的物体试着从洞口中穿过。若是打磨过度的话，就很难再进行修整了，所以在打磨洞壁时要随时留意检查直径。

▲为镶嵌透明的灯光部件的洞口准备好之后的状态。因透明部件需在涂装完成后才能嵌入，所以眼下可暂时保持这样的状态。

③ 部件的组装

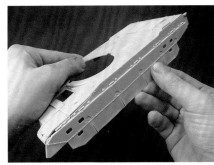

▲部件剪切整形完毕后便可进入到组装工作中了。为确认需安装到车体上的侧面裙甲部分是否吻合，可先尝试进行临时组装。

▲若部件之间的吻合没有什么问题的话，可将侧面裙甲的部件黏合到车体上去。为了不让黏合剂的痕迹显得显眼，请从车体部件的内侧注入。

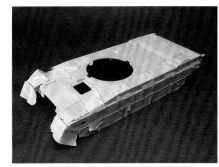

▲黏合剂注入完成后，为了避免侧面裙甲部件的黏合出现歪斜，可用遮盖胶带固定各个部位，然后再稳固地进行黏合。

▲黏合剂完全干燥之后，揭下遮盖胶带。在黏合这类较大的部件时，注入黏合剂后，使用胶带来固定位置，可使整个黏合工作都较为整洁干净。

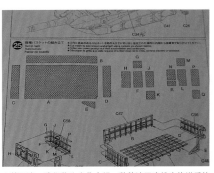

▲接下来，我们将为众位介绍一种整洁干净地在炮塔后的车后货框上粘贴金属网格的方法。在Inst（组装说明书）中，记录有相关的内容。

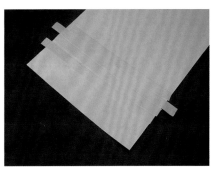

▲尽管我们也可以完全依照说明书中介绍的方法来制作，但如果能采用复印的方式，那么感觉操作起来也会更加简便。如照片中所示，先在方法介绍页面的背面粘贴上双面胶带。

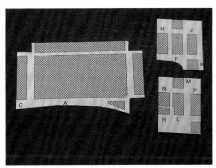

▲粘贴上双面胶带之后，再大致地剪切出指南部位的形状来。如此一来，将粘贴指南粘贴到金属网格部分上的准备就做好了。

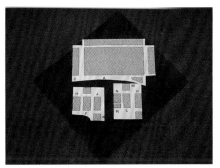

▲仔细观察指南上的金属网格，可以看出网格是倾斜交叉的。保持金属网格的菱形面朝上，在上边粘贴上刚才剪切下的指南。

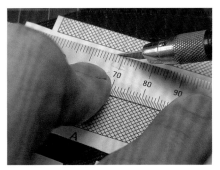

▲以指南为标记，辅以金属直尺，剪切出金属网格来。如果使用塑胶直尺的话，那么美工刀的刀刃很可能会嵌入到直尺上，所以还请务必使用金属直尺。

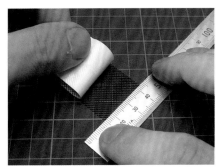

▲剪切下金属网格之后，连同双面胶带一道，揭下粘贴指南。揭下时，需要牢固按住金属网格，小心仔细地揭下指南。

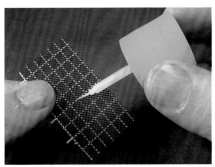

▲剪切下网格后，用流缝胶黏合上货框的部件。

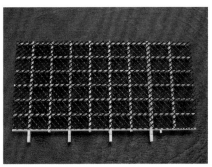

▲网格部件粘贴完成后的状态。剪切网格时，请务必使用全新的美工刀刀刃。如果刀刃不够锋利，那么就会在网格上留下毛刺。

▲货框完成后的状态。在各个货框部件上粘贴上网格之后，组装好货框，这样一来，感觉也会更加干净整洁。

▲使用拉伸后的板材框架来制作十式的空中线（天线）。首先，剪切下适当长度的板材框架，拿到煤气灶上边用小火烘烤。此时务必要留意换气。

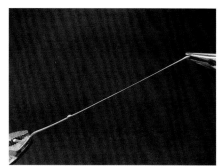
▲等塑胶变热发软之后，从两头扯动拉长塑胶。拉伸时务必要留意是否达到自己理想的长度和粗细。即便操作失败也不必担心，因为板材框架很多，可多次尝试。

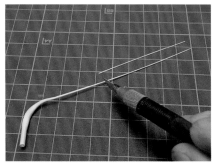
▲制作出理想的部件之后，用美工刀剪切出2根同样长度的空中线来。

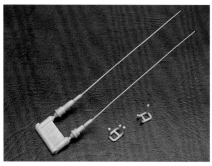
▲剪切出空中线后，用胶泥状的塑胶用黏合剂，将2根空中线稳固地粘贴到基部部件（C30、C31）上去。

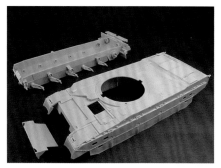
▲准备开始动手涂装。本次我们打算尝试透明而鲜亮的色彩，所以转轮和小部件要分别涂装，最后再进行黏合。首先，先将车体分割成图中所示的状态。

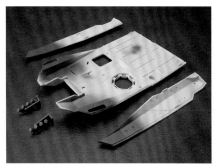
▲烟雾弹发射器嵌在炮塔内部，而组装之后再进行涂装的话，涂料是很难深入到内部深处的。我们可以事先使用稍浓的绿色来进行涂装。

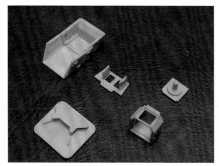
▲瞄准潜望镜和目镜类都是以透明部件的方式再现的。因为透明部件在涂装后再黏合的话会显得更加干净整洁，所以照片中的部件都需要在涂装后再黏合。

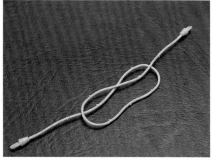
▲缆绳方面，如果不先将轮带周围的部件粘贴到车体上就无法黏合，所以可以在涂装后再进行黏合。

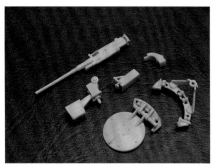
▲M2机枪和车长舱盖上也存在有许多需分别涂装的部分。因为照片中的部件也是在涂装后再黏合的话才能更加干净，所以推荐像照片中所示一样，先把各部件分割开来。

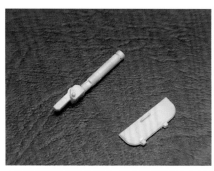
▲炮击手用舱盖（C35）方面，为了方便在放置上兵人后调整位置，所以此时还暂时不能黏合。环境传感器同样也可以分割开来，方便贴花。

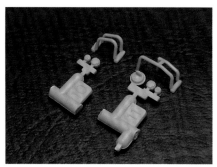
▲虽然方向指示器（转向灯）、管制车幅灯的面积都较小，但它们却全都是些需要重点强调的部分，所以都需要等喷涂完成之后再黏合。

▲涂装之前，可先尝试进行临时组装。现役坦克中，存在有许多诸如传感器和灯光之类的透明部件和需要小范围涂装的部位，所以一定要充分留意黏合的时机。

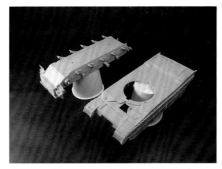

▲涂装时，为了能够直接握持部件而又不至于弄脏，可以制作黏合临时的握把。在对车体或轮带等较大的部件进行涂装时，推荐使用纸杯来充当临时握把。

▲涂装M2机枪和车灯护栏等细小部件时，为了方便涂装，可在一次性筷子上缠绕上双面胶带制作成握把。

4 部件的涂装

▲在车身整体上涂装Mr. Finishing Surfacer 1500 黑色（G-SI CREOS/700日元）作为基底色。干燥之后，对实车中的橡胶部分进行遮盖。

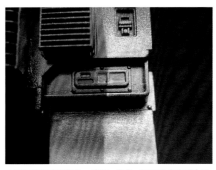

▲后方的灯使用银色、绯红、嫩黄、透明色来分别涂装、遮盖。等包括消光的所有涂装工序完成之后再揭除遮盖胶带。

▲前方的灯像后方一样地完成涂装工作之后，在灯光部分涂装Gaianotes的遮盖覆膜进行遮盖。

▲对各部位都进行过遮盖之后，再在车身全体上涂装GSI CREOS的陆上自卫队坦克色的"深绿色3414"。日本自卫队色彩的调色忠实再现了实车的色彩，所以大力推荐。

▲动手进行棕色的迷彩涂装之前，因为烟雾弹发射器是车体色的缘故，所以需要事先做好遮盖。

▲使用日本陆上自卫队坦克色的"茶色3606"来涂装棕色迷彩。对涂料进行稀释，尽量将喷涂口调小，在近乎完全关闭的状态下，先喷涂一下迷彩的轮廓。

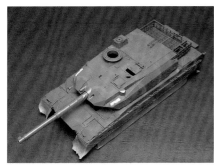

▲喷涂过迷彩轮廓后的状态。为了之后在操作时能够一眼就分辨出来，作为标记，可以先喷涂上一些圆形的小点，标示出需要用棕色来覆盖涂装的部分。

◀涂装棕色，完成迷彩涂装。尽管一眼看上去这样的状态已经算不错了，但之后我们还将为各位介绍一些能进一步提升完成度的工序。

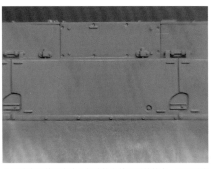
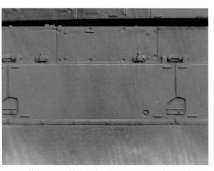

▲照片中为前页中涂装部分扩大特写后的状态。可以看出茶色的涂料有少许覆盖到了最开始时涂装的绿色上，晕色的幅度变大了。

▲为了整备得更加整洁干净一些，可用空气枪的细喷再次涂装绿色。喷涂绿色和茶色的边界部分时尤其需要注意，这样才能展现出更为自然的迷彩来。

▲再次重涂过绿色部分后的状态。迷彩的展现显得更为自然。如果在重涂绿色时，涂料覆盖到茶色部分上去了的话，也可以用同样的方法重涂茶色。

▲接下来，使用笔涂的方式来涂装转轮的轮胎。为了让涂装的色彩能在溢出后也能覆盖，使用TAMIYA釉色系的纯黑色进行涂装。

▲采用笔涂的方式的话，边缘部分就会出现较多的溢出现象。只需用蘸有釉质系稀释剂的棉棒轻轻擦拭，就能彻底修整笔涂的溢出部分。

▲修整过溢出部位后的状态。完美地区别涂装了轮胎部分和转轮部分。使用稀释剂擦拭边缘时，需等涂料完全干燥后再进行。

▲接下来，以1：1的比例混合TAMIYA入墨涂料的暗棕色和黑色，然后再加入釉质系溶剂，将稀释过的涂料涂布到车身全体上。

▲在车身整体上涂装完毕后的状态。这是一种名为滤色的技巧，其目的是让迷彩涂装更加贴切顺滑，使整体色泽显得更加柔和。如此一来，之后就不需要再展开洗涂之类的擦拭了。

▲等滤色的釉质系涂料完全干燥后，粘贴贴花。为了方便贴花的粘贴工作，先用美工刀将贴花裁切到适合的大小。

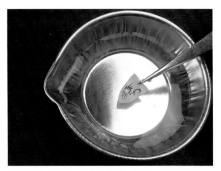

▲接下来，在涂料皿中装上清水，让贴花迅速轻盈地划过水面后立刻拿起，等待贴花自己出现浮动。

▲等贴花出现浮动之后，将贴花放置到指定的位置上，轻轻挪动底纸，粘贴贴花。

▲将贴花贴到指定的位置上后，用棉棒吸掉多余的水分。使用棉棒时动作尽量轻盈，让棉棒头在贴花表面上来回滚动，吸走水分和空气。

▲完美地粘贴上贴花后的状态。保持如此状态的话，余白部分会反射光线，感觉较为显眼，所以我们需要在下一步中对该部位进行消光。

▲让贴花干燥24小时后，使用透明色和Flat Base Smooth Type来进行消光处理。贴花和部件的光泽都得到统一之后，模型整体的真实感也会得到提升。

▲接下来就要动手安装各部位的潜望镜和透明部件了。透明部件方面，可以采取粘贴HASEGAWA的"偏光FINISH BROWN~CYAN"（HASEGAWA/1260日元）。

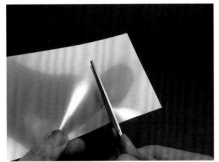

▲首先，先用剪刀将"偏光FINISH BROWN~CYAN"裁切成便于使用的大小。

▲在套件的透明部件上粘贴覆膜。通过贴合部件大小的剪切，可做到照片中一样的在剪切下部件前，轻松地粘贴上覆膜。

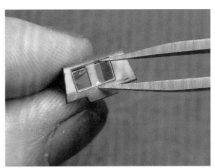

▲剪切下贴上覆膜后的部件，粘贴到指定的位置上去。黏合时，注意要尽力避免黏合剂抹到覆膜上。其他部分也需要做其他的工作。

▲在潜望镜部分粘贴覆膜，之后该部位就会显现出像实物一样的，根据入射光角度不同，色彩也会发生变化的传感器般的特性来了。此处可算是整个模型当中的重点和亮点之一，大力推荐。

▲用于车前灯上的透明部件。此处使用的是WAVE的H·eyes中的3.5mm直径的部件。部件背面粘贴有闪光片。

▲在刚才开过孔的部件上粘贴上贴有反光片的H·eyes 3.5mm。如此一来，就能制成闪亮的车前灯了。最适合作为模型的重点和亮点。请各位玩家务必动手尝试挑战一番。

▲完成前的最后一步，在履带上干刷上银色。先在笔尖上蘸上银色，然后再用手帕纸把颜色擦拭到几乎看不出来。

▲为了强调履带上的凸出部分，将笔尖上残留的些许银色涂抹到履带上。动手时务必留心，千万不能涂抹过多，以免履带呈现出闪亮状态来。

▲处理履带时，若是带式履带分散开来了的话，可以用订书机等物品来固定。之后再对固定的部分进行调整，将该部位调整到被车体遮盖住，看不到的地方去。

5 挑战兵人涂装

▲制作坦克模型时，如果能在坦克中放置上完成度较高的兵人模型的话，那么整个模型的完成度也会变得更高。部件整形完成后，为了方便涂装，可将兵人模型固定到便于握持的握把上。

▲我们将为兵人模型涂装上模拟日本陆上自卫队迷彩服的色彩。首先，使用硝基涂料调和出提升过明暗度的茶色系淡绿色，用喷枪对整体进行涂装。

▲用细描笔在兵人全身上下描画TAMIYA ACLYL COLOR的棕色和暗黄色的花纹。若能混入丙烯颜料用的缓凝剂的话，操作将会更加容易。

▲用TAMIYA ACLYL COLOR的绿色和暗黄色追加迷彩花纹。因为这是一项较为精细的涂装作业，所以作业时需适时休息。

▲用TAMIYA ACLYL COLOR的纯黑色追加最后的迷彩花纹。因黑色迷彩花纹面积较小，所以作业时需千万留心，不要涂抹面积过大。

▲迷彩服涂装完成后，对兵人的面部、头盔等细节部位进行分别涂装、消光，涂装完成。

▲图为套件中附带的装弹手的兵人模型。使用相同的方法，仔细对各部位分别涂装。

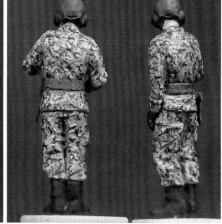

▲车长和装弹手涂装完毕后的状态。迷彩花纹方面，因各种配色的分量很难掌握，所以涂装时需不断检查，留意整体的平衡感。因为这是一个既需要细心、又需要耐心的作业步骤，所以涂装时需要适当地休息。此外，若能稍稍撒上些干粉颜料的话，那么衣服也会展现出使用感来，让人感觉更加真实。

TAMIYA 1：35比例日本陆上自卫队 十式坦克完成！

经过了上述的种种工序之后，十式坦克的制作终于完成了。本次制作中，我们并不打算进行过多的旧化处理，准备以一种较为干净的状态完成制作。套件方面，尽管部件数量并不太多，但完全可说是一套精细地展现出了各部位细节的精良套件。对于各位准备尝试动手制作坦克的读者来说，这也可谓是一套最为适合的套件了。请各位务必参照着本制作讲座，动手尝试制作一下十式坦克吧。

JGSDF TYPE 10 Main Battle Tank

TAMIYA 1:35 scale plastic kit
JGSDF TYPE 10 Main Battle Tank
modeled by Teppei HAYASHI

▲车长用瞄准潜望镜的特写。在诸如潜望镜之类的透明部件部分粘贴上HASEGAWA的Mirror Finish的话，通过模型的衬托，展现出其特性，就会成为整个模型当中的重点和亮点。

◀对贴花部分仔细进行顶部覆膜处理，抑制银色光泽，让贴花更好地贴合到车体上。

◀炮塔的车后货框方面，使用的是套件中自带的网格。配合实车，我们在网格倾斜交叉的位置上进行了切割。这也是在制作时需要留意的一点。

◀▲放置上精心涂装的兵人模型之后，制作范例整体的存在感骤然提升。尽管兵人模型的涂装方面存在有许多琐碎的工序，但还请各位务必参考记述，动手挑战一番。

▲履带方面，用干刷的方式在凸出的部位上涂抹银色，展现使用感。

日本自卫队 七三式小货卡（装备机关枪）
● 发售商/Fine Molds ● 2520日元 ● 1：35，约11.8cm ● 塑胶套件

制作·文/土居雅博

制作在长达40年的时间中大展身手的日本自卫队驮马

Fine Molds 1:35 scale plastic kit
TYPE73 LIGHT TRACK w/MG
modeled by Masahiro DOI

日本陆上自卫队
七三式小货卡

　　对日本人而言，身边最常出现的军用车辆之一，恐怕还得数照片中的这辆七三式小货卡了。尽管如今它或许已经被三菱帕杰罗式底盘的新型七三式小货卡所取代，但在很长的一段时间里，它也曾经作为日本自卫队队员的"双腿"而大展身手。虽然车前散热器的形状等部位继承了很浓厚的美军吉普的血系，但其中却也深藏着一些特属于日本的元素与成分，为它带来了众多的粉丝。

　　尽管这并非是坦克模型，但在这里，作为番外篇，我们还是选取了这辆几乎可称之为日本自卫队车辆典型代表的七三式小货卡来进行制作。本篇中使用的套件是Fine Molds "日本自卫队 七三式小货卡（装备机关枪）"。包括车前灯周边的处理方法、轮胎的涂装、栏杆扶手等细小部件的剪切方式之类在内的，组装说明书中并未详细讲述过的部分在内，土居雅博都将为您分步骤精心讲解。同时，我们还将为您带来简便易行的涂装和旧化方法。

1 组装的重点

▲车体后部的油罐。若是保留套件原有的模样，那么结合缝和分模线就会显得较为明显。

▲因此，需要使用TAMIYA补土来消除油罐上的结合缝。如照片中所示，使用牙签来涂抹摊平补土。

▲制作搭载机关枪的车型时，需事先开启安装机枪架台座的暗孔。

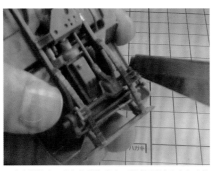

▲本次制作中，我们将稍作改造，尝试展现方向盘彻底拉到底后的状态。首先，先用激光锯在传动轴部分上打开一条切缝。

▲切缝完成后，如照片中所示一般弯曲即可。这一步是能够骤然展现出车轮式车辆的特点个性的重点，因而大力推荐。

▲在车前灯内侧粘贴铝箔贴膜（本次使用的是Good Smile Racing的Chrome Master），再现出车灯内部的反光镜。

▶透明车灯镜的黏合方面，可以用笔往镜片内侧注入掺水稀释过的丙烯颜料的LIQUITEX·MATTE MEDIUM（绘画用品店有售）来进行黏合。虽然该颜料的黏合力较弱，但它却不像塑胶黏合剂那样容易弄花透明部件，所以不易出现失误。

▲镶嵌上镜片之后，立刻在镜片上粘贴上用打孔机剪切下的遮盖胶带。

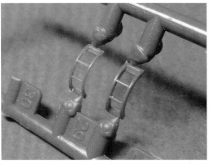

▲车前灯护栏可用美工刀削细。保持部件连接在板材上的状态的话，操作起来也更加容易一些。左侧是削细过后的状态。

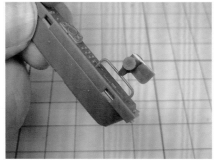

▲连接在缓冲护板上的扶手是用极为精细的铸模制成的。因此，为了避免出现折损，可以在带有水口的状态下进行黏合。

▲黏合后，将水口从扶手上剪切下，动手整形。为避免部件折损，整形时也需多加注意。

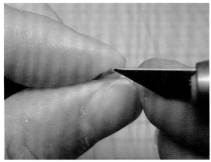

▲为机关枪的枪口开孔也是一处提升真实气氛的重点。首先，将美工刀的刃尖贴到枪口部位上，在圆心部位上做好标记。

▲标记好圆心之后，使用手钻（0.4mm）开孔。为12.7mm重机关枪M2开孔时，如果枪口的孔洞过大就无法展现出真实的氛围来了，所以制作时一定要留意不要开孔过大。

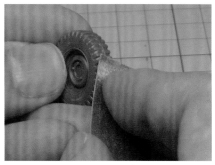

▲轮胎方面，因为分模线感觉稍有些显眼，所以需要使用砂纸来消除分模线。

▲将前车窗设定为倒合状态时，可用塑胶板盖住安装孔。

◀涂装前，临时组装起部件的状态。此时，暂时还未黏合上较小的细节部件。

2 涂装的顺序与重点

◀除轮胎、座位、机枪之外，所有容易破损的部件都需要分别涂装，涂装完成后方可动手组装。涂装后再动手安装前挡风玻璃也能减省掉做遮盖工作的步骤。

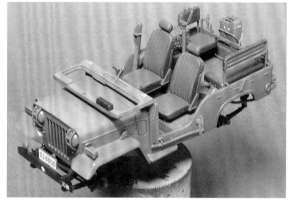

◀车体的基本色为硝基系的橄榄绿和灰色。在其中混入白色，提高亮度，区分色彩层次，展现立体感。

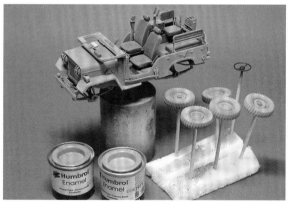

◀车体下部，以车轮为中心，喷涂Humbrol釉质色彩的砂黄和中性灰，展现尘埃效果。

◀在车身全体上喷涂过尘埃色之后，用蘸有Humbrol溶剂的画笔在表面上轻抚，冲淡色彩。该步骤的重点在于需在车体下方多残留下一些尘埃色。

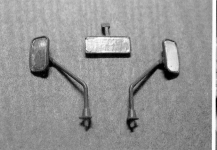

▲涂装完成后，揭下粘贴在车前灯上的遮盖胶带。

▲在倒车镜、后视镜内侧也粘贴上铝箔，展现镜面效果，提升整体的真实感。

日本陆上自卫队 七三式小货卡完成!

Fine Molds的七三小货卡因部件构成的设计较为精良,所以组装时较为简便,值得称道。该社除了本次制作的加装机关枪的车型之后,同时还推出了带帆布顶篷和搭载106mm无后坐力炮的车型。该车辆既可以放置到六一式、七四式、九零式之类各世代的陆自坦克旁,也可以放上队员的兵人模型,作为小型场景、立体场景的主角。完全可说是一辆存在感十足的车辆。

Fine Molds 1:35 scale plastic kit
TYPE73 LIGHT TRACK(w/MG)
modeled by Masahiro DOI

TYPE73
LIGHT TRACK(w/MG)

▲标志方面,我们将该车设定为第10师团所属的第10侦察队的车辆。

▲▼旧化处理后,常年使用的氛围立刻得到了良好的展现。

▲仪表盘类也备有贴花,精密感十足。

第2章
中级篇
Intermediate

掌握了在初级篇中介绍的技巧之后，我们为那些希望继续晋级的读者们献上的内容就是中级篇了。本篇当中，曾在各类模型专门杂志中大展身手的，可称之为AFV模型界高手中的高手的土居雅博、青木周太郎和山田卓司将悉数登场。土居和青木将分别带领众位动手制作TAMIYA "M1A2SEP 艾布拉姆斯TUSK II" 和Cyber Hobby的 "IV号坦克H型 中期生产型 w/Zimmerit抗磁性涂层" 的车辆单体，而山田则将带领众位制作使用DRAGON "Sd.Kfz.171 豹式G后期生产型" 的立体场景。其中，包含了不少更为详尽精妙的诸如细节提升和旧化处理之类，先前曾在之前的章节中稍作介绍的高级制作技巧。接触过这些"专业人士"的技巧之后，众位也可以动手尝试挑战一下，借此来提升自己的制作技巧。

海湾战争中，彻底压制住伊拉克坦克，赢得了世界最强称号的美军的M1艾布拉姆斯MBT（主战坦克），在改良型M1A2SEP中获得了高度的C4I（情报）系统，完成了革新式的进化。此外，基于伊拉克战争的战斗训练，追加反应装甲、在炮塔舱盖周围设置护盾和强化机枪之后形成的TUSK（Tank Urban Survival Kit），也自2007年前后开始，装备了一部分的车辆，大幅度地提升了坦克在城市战中的生还率。

　　在中级篇中，我们为众位献上的最初的内容就是由AFV模型界的高手土居雅博带来的TAMIYA "M1A2SEP 艾布拉姆斯 TUSK II"的制作讲座。尽管本套件也是一组深具TAMIYA风格的高精度、组装简便的精良套件，但在制作和涂装阶段却也存在一些需要重点留意的关键要点。因此，在本次制作中，土居将详尽地传授本套件的组装步骤，完整地解说包括旧化处理在内等涂装工作，为各位呈上从头到尾彻底完成的整辆坦克的制作过程。

美军 M1A2SEP
艾布拉姆斯
TUSK I/II
●发售商/TAMIYA●5250日元
●1：35，约28cm●塑胶套件

制作·文/土居雅博

制作曾投入到伊拉克战争中的强化型艾布拉姆斯

M1A2SEP ABRAMS TUSK II

TAMIYA 1:35 scale plastic kit
M1A2 SEP ABRAMS TUSK
modeled by Masahiro DOI

1 轮带周边的组装

▲因为坦克模型中的转轮数量较多，所以如果能在刚开始动手制作时就把这些部件都做好的话，那么制作者的制作意欲也能维持得更久一些。转轮方面，因位于橡胶角的部分的分模线较为显眼，所以可以对此处进行整形。

▲处理分模线时，需先削去水口部分，之后再采取一边转动转轮，一边用美工刀刀刃削去分模线（刨削处理）的方式的话，制作起来会更简便一些。

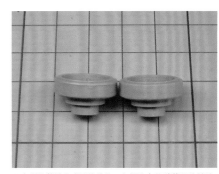

▲右侧为整形完成后的转轮。左侧为未经过整形的转轮。对分模线进行整形时，对橡胶部分的角稍作切削的话，真实感也会得到提升。

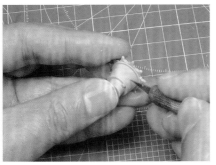

▲实车的启动轮上带有除泥器用的插孔，但套件中却省略了该插孔，所以需要重新再现。首先，先用刀刃的刃尖在部件的4个部位上做好印记。

▲用手钻在做过印记的部位上开孔。然后，再用小刀和砂纸将孔洞的周围扩展成饭团形，再现除泥孔。

▲左侧的部件为套件原先的状态，右侧的部件为开启过除泥孔后的启动轮。因为启动轮的齿轮部带有分模线，所以需要像橡胶部分一样地进行整形，对角进行若干的切削。

2 车体的组装

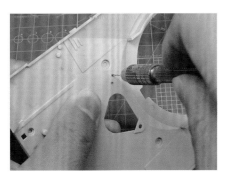

▲车体上部方面，黏合前，先从内侧用1mm手钻开启孔洞。因为不同式样的孔洞位置各有不同，所以需要遵照说明书中讲述的方式，事先在需要开孔的地方用红色记号笔做好标记。

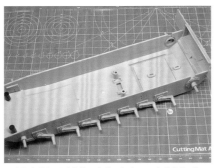

▲先将车体组装成箱状。车体下部方面，先黏合上后部面板，启动轮基部和引导轮基部需牢固黏合好，以免在安装履带时出现歪斜。

▲黏合转轮和各部件前先黏合好车体的上下部的话，其后的组装工作就会变得轻松简易。因为车体前面的结合缝上形成了若干的段差，所以需要用硝基补土来进行整形。

▲因为车体后部面板的黏合部分上也容易出现段差，所以需要仔细组合，然后用流缝胶进行黏合。

▲车体侧面部件出现有不吻合的情况时，可涂抹上TAM-IYA补土，然后再用垫有木板的砂纸来进行整形。

▲组装完成后的状态。将车体前后的结合缝整形干净，是提升整体完成度的一大重点。

3 车体各部位的细节提升

▲位于车体下部前后四处的三角凸起，因为是钩环的安装基部，所以需要开孔。首先，先用小刀的尖端在开孔的位置上标记印记。

▲用手钻在标有印记的位置上开孔。刚开始时，先用0.5mm左右的纤细手钻开孔，然后再用较粗的手钻来扩大洞口。这样一来，开孔的位置就不大容易出现误差了。

▲钩环安装基部开过孔后的状态。

▲尝试再现车内通话用电话箱的内部。箱盖使用薄刃锯来剪切开，用0.3mm的塑胶板来追加边缘。本体则使用塑胶板和板材框架来制作。

▲剪切开箱盖后的箱子上，打薄边缘，黏合到车体上。

▲在箱内黏合电话机，使用缠卷起来的金属丝来制作安装听筒线。

▲驾驶员舱盖方面，因为铸模成型方面的问题，潜望镜的洞较大，所以使用塑胶板来填补。

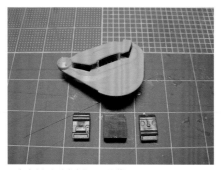

▲尝试追加套件中未能再现的潜望镜。左右的部件沿用自谢尔曼坦克的套件，中央的大型潜望镜则沿用自废旧部件。

▲侧面裙甲也因制作的车型（TUSK I和TUSK II）不同而安装方式各不相同，遵照说明书中的指示，开启安装用的孔洞。

4 炮塔的制作

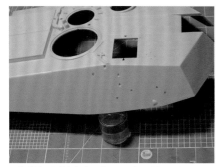

▲炮塔侧面也会根据车型的不同，安装的部件也各自不同。安装孔的位置虽然也有表明，但感觉却难以辨识，为避免出错，需要一边参照说明书上的图纸，一边在部件上做好标记。

▲因为炮塔部件左右两侧的安装孔位置不同，所以在做标记时要千万留心，注意不要弄错。

▲遵照标记，用1mm手钻进行开孔。油性记号笔的油墨会在涂装后浮现出来，所以如果油墨有残余，需要用砂纸仔细打磨干净。

▲炮塔上部也需要开启安装部件用的孔洞，所以在黏合上下部之前，需要先开启好孔洞。

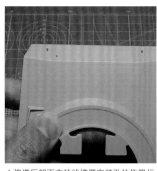

▲炮塔后部下方的线缆罩安装孔的位置标记不太显眼，所以一定要留意不要忘记。

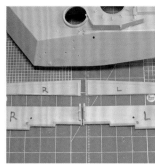

▲为避免将安装于炮塔侧面的杂物箱部件的左右两侧搞混，需要在背面写上L和R，做好标记。

▲护盾部件也需要从内侧开启安装部件用的孔洞。

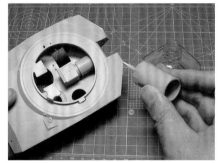

▲炮塔上下部分之间的结合缝出很容易出现缝隙，需稳固黏合。

▲黏合炮塔上下部之前，可以使用干燥较快、黏合力较强的Mr. Cement S。为避免出现缝隙，需用手指压住结合缝，然后再注入黏合剂。

▲炮塔前面的缺角部分的结合缝处很容易出现缝隙，同时也为了展现实车中的熔接线，黏合上塑胶纸。

▲炮管部分被分割成了左右两部分。在黏合时，需使用树脂（黏稠状）型的黏合剂。黏合时需多注入一些黏合剂，在合起左右两侧部件时，黏合剂需能溢出缝隙方可。

▲等到溢出缝隙的黏合剂完全干燥之后，对溢出的部分进行整形。

▲如果还残留有结合缝的话，可涂抹上溶于硝基系溶剂的TAMIYA补土，消除缝隙。溶解后的补土不可一次性涂抹，需先涂抹少许，之后等先前涂抹的补土干燥后再涂抹第二次、第三次。

▲用砂纸进行整形。用砂纸包裹住炮管，来回旋转。如此整形的话，可以避免结合缝部分变得太过平整，整备出较为理想的形状来。

▲用薄刃手工锯在炮管的散热装甲的安装位置上进行雕刻。

▲整形完成后的炮管。消除炮管结合缝的工作在坦克模型制作中是极为重要的一步，所以动手时必须细心慎重。

5 用网格制作炮塔货框金属网

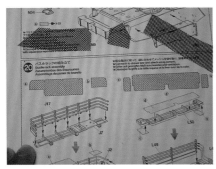

▲指示说明当中，炮塔后部货框的网格是用附带的尼龙网格来再现的。配合说明书的模纸，将尼龙网格剪切成型。

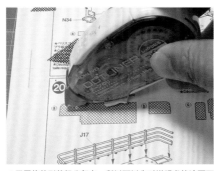

▲因网格的形状极为复杂，所以可以先对说明书的该页面进行复印，贴上胶水式双面胶带，之后再将网格粘到相应的部位上去。

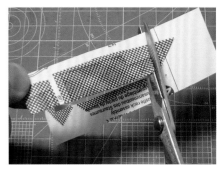

▲连同模纸一道剪下网格。在模纸上粘贴网格时，注意要将网格的方向调整成倾斜状态。

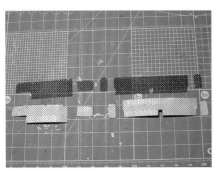

▲从模纸上剪切下的网格。使用胶水式双面胶带，可以轻易地将模纸和网格分离开来。

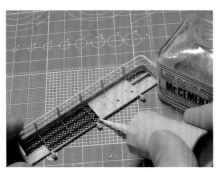

▲将剪切好的网格黏合到货框上去。使用流缝式的Mr. Cement S的话，可以干净整洁地完成黏合工作。

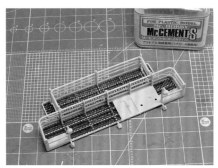

▲完成后的炮塔后部货框。虽然市场上也有另行出售的蚀刻部件，但使用套件附带的尼龙网格也完全能够充分展现出实车的状态来。

6 炮塔的细节提升和完成

▲炮塔侧面杂物箱的把手方面，可将一体成型的部分彻底削掉，使用黄铜丝来动手自制。

▲敞开时可见的装弹手舱盖内侧的凸出痕迹处，可添上少许WAVE的黑色瞬间黏合剂，之后再用砂纸进行整形。

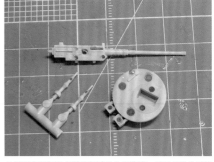

▲用黑色瞬间黏合剂处理过的凸出痕迹。使用此黏合剂的话，作业时间可比使用硝基系补土作业用的时间更短，同时效果也更好。

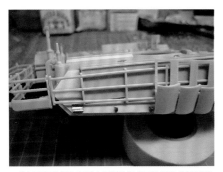

▲使用黄铜带板和铜板来再现炮塔侧面的缆绳货架的话，可大幅度提高精密感。

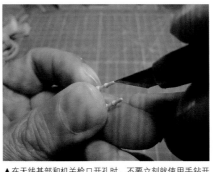

▲在天线基部和机关枪口开孔时，不要立刻就使用手钻开孔，需先用美工刀在适当的位置上标记好圆心。

▲将手钻钻头放置到用刀做过标记的位置上开孔。刚开始时先开启一个0.3mm的小孔，之后再加粗手钻钻头的直径，扩大洞口。如此一来，洞孔的位置就不容易出现偏移了。

▲有关板状一体成型的舱盖上的拉手等部件的重制方法。首先,先用刀子将该部位上的部件切下。

▲用刀刃在切削下的铸模部件的痕迹上做好印记,如此一来,就能轻松容易地在保证不弄错把手位置和幅度的情况下开孔了。

▲用手钻在先前做好标记的地方开孔。此时,需要使用0.4mm直径的钻头。

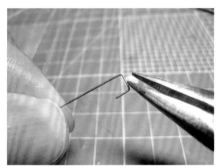

▲配合孔洞的直径,将黄铜丝弯曲成コ形。如果能有尖端细长,而上边没有凸凹纹路的扁嘴钳的话,操作起来就会方便许多。黄铜丝需要使用直径0.4mm的。

▲在孔洞里插入直径0.4mm的黄铜把手,贯穿到舱盖内侧。如果コ字两头的宽度不同,把手就会出现不垂直的现象,所以这时需要取出把手来,重新弯曲黄铜丝。

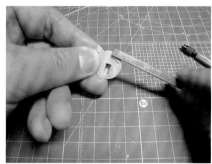

▲黏合时,在把手的根部涂抹上少许的瞬间黏合剂。因为在开启的时候舱盖的内侧会暴露出来,所以需要用锉刀对黄铜丝进行整形。

7 透明部件的安装

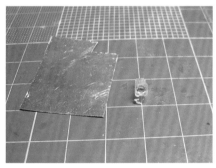

▲透明部件中,在灯光的反射镜位置粘贴上铝箔的话,完成后车灯内侧就会展露光芒,让人感觉更加帅气。所以,护盾上的聚光灯方面,需要从内侧粘贴上铝箔。

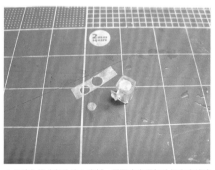

▲为避免镜头部分沾上涂料,需要事先用打孔机在遮盖胶带上打出直径适合的圆形,之后再贴到镜头上去。

▲粘贴上车灯后的状态。用透明部件铸造成型的车灯本身,使用银色涂装之后,可以避免在完成后从内侧彰显出车体色来。

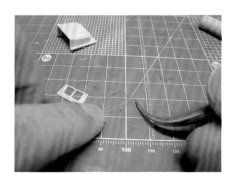

▲光学侧甲和潜望镜部分,如果能够贴上HASEGAWA的偏光膜纸的话,真实感将会骤然提升。这也可谓是现役坦克中的重要的细节提升点。

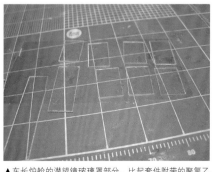

▲车长炉舱的潜望镜玻璃罩部分,比起套件附带的聚氯乙烯板来,还是较厚的透明塑胶板更容易进行加工。

▲潜望镜罩子方面,如果不按照说明书的指示剪切尺寸的话,之后就会很难安装。如果宽度按照指示剪切,而长度方面则多增加一些的话,动起手来就会更容易操作一些。

▲完成后的车长炉舱。遵照说明书中的指示，削除掉带有红色印记的螺栓。

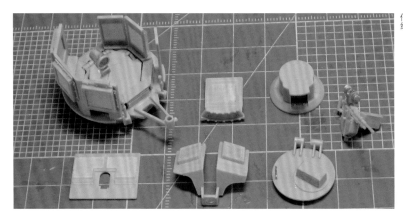

组装防弹玻璃等的透明部分前，先用遮盖胶带做好遮盖。因为此处可谓是用带防弹玻璃的护盾围住炮塔的M1A2 TUSK的关键部位，所以制作时一定要小心仔细。

▲镜片中央带有分模线的手灯方面，用砂纸打磨镜片部分的分模线，用混合物打磨干净。

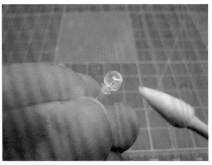

▲打磨到闪亮的镜头部分。可在棉棒尖端蘸取少量混合物，进行打磨。

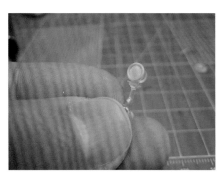

▲对镜头部分进行遮盖，将本体涂装成银色。处理较小部件的时候，可以让部件保持连接在板材上的状态，最后处理完之后再从板材上剪切下来的话，操作起来要更方便一些。

8 组装完成

▲因为加厚装甲上面涂布有砂状的防滑涂料，所以需要使用溶解后的补土来进行再现。不需涂装防滑涂料的位置，可以用剪细的遮盖胶带进行遮盖。

▲组装完成后的M1A2。侧面裙甲本阶段中还暂未黏合。

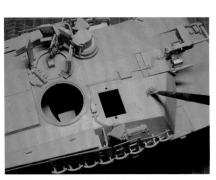

▲车体、炮塔上方也涂布有防滑涂料。先将补土溶解成稀糊状，之后再用旧的画笔拍击涂布。

9 涂装与旧化

▲动手开始展开涂装作业前的状态。将部件分割到这样的状态之后，涂装作业的操作也会更轻松一些。

▲以阴影部分为中心，使用Mr.COLOR的浓绿色进行底涂。未上表面处理剂。

▲前部挡泥板、侧面裙甲的最后部、主炮的排烟器（换气管），这3处的底涂的绿色之后可以沿用到最后，所以要用遮盖胶带进行遮盖。

▲用砂黄色来进行基础涂装。使用的颜色为黄褐色和淡茶色。打开喷枪的枪口，在模型整体上进行平均性的喷涂。

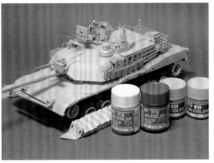

▲在各个面上进行层次涂装。纵面为下方，平面则沿着各处面板，喷涂掺入了嫩黄色和鲜红色、带有橙色感觉的沙黄色。

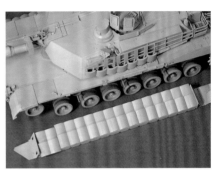

▲对色彩进行过分层后的状态。并非一定要跟从光线的方向，为强调立体感，可以涂装一些稍浓的色彩。

▲使用笔涂的方式分别涂装转轮的橡胶部分。考虑到后期的旧化涂装，可以使用硝基系涂料（Mr.COLOR的轮胎黑）。

▲固定笔尖的位置，转动车轮来进行涂装，如此一来就能较为轻松地进行分别涂装了。笔尖上多蘸取一些涂料的话，涂装起来也会更加容易。

▲各部分分别涂装完成后的状态。机关枪本体的颜色为消光黑和轮胎黑。挡泥板和排烟器的遮盖胶带已揭除。

▲实车上的启动轮和转轮上的沙黄色已经被磨损，露出了底涂的绿色。使用Mr. Chipping Gom打磨，随手对表面的沙黄色进行剥落处理。

▲齿轮部分沙黄色基本上已经全部剥落，可以看到绿色后的状态。

▲使用水彩颜料在履带上进行涂装（灯油黑和中性灰5），使用AK Interactive的Track Wash和Kursk Earth来完成最终步骤。

⑩ 各部位的完成步骤

▲为表现笼罩在各部位上的沙尘，用Humbrol Color的Sand、Flesh、Matt White喷涂整体。喷涂时，车体下部需要稍浓一些。

▲之后，使用蘸有Humbrol溶剂（柴油也行）的笔将喷涂上的沙尘色擦削掉，只在角落部分和车体下部稍稍残留。

▲揭下贴在防弹玻璃和潜望镜罩部分上的遮盖胶带。使用镊子的时候需小心谨慎。

▲稀释溶解油画颜料的茶色颜料，进行洗涂（涂装时迅速敏捷，只让涂料与整体稍稍接触）。之后，用同色系稍浓地溶解稍显焦糊而近乎茶色的颜色进行入墨。

▶车尾灯的镜头部分，使用TAMIYA釉质系涂料的Clear Red进行笔涂。

▲用于对机关枪等部件进行最终处理的各种涂料。使用到的是Dark Ion的干粉涂料、叶黄色和红铜色。

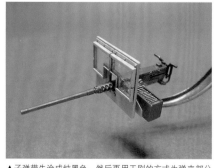

▲子弹带先涂成纯黑色，然后再用干刷的方式为弹夹部分涂装叶黄色，弹头部分涂装红铜色。

▲机关枪本体方面，先将枪身涂黑，之后棉棒摩擦金属色干粉涂料（使用AK Interactive的Dark Ion），再现钢铁的光芒。

11 炮塔周围的细节提升

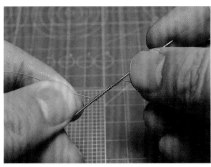

▲在安装于车长炉舱上的探照灯上追加线缆。将30号（0.3mm）铁丝缠绕到黄铜丝上，再现出线圈状的线缆来。

▲实际动手安装之前，先为线缆制作出形状。铁丝的话，要制作出形状来并不困难。

▲将线缆涂黑。使用的涂料为丙烯水粉颜料的灯油黑。

▲在车灯的握柄上部开启安装线缆用的孔洞。使用0.4mm的手钻。

▲安装线缆。黏合时，使用将一头倾斜切断后拉伸的板材框架注入少许瞬间黏合剂。

▲用丙烯水粉再现舱盖周围的涂料剥落的状态。对有沙黄色出现剥落的部分涂装暗绿色，对剥落更明显、出现锈迹的地方涂装暗棕色。

▲装弹手舱盖周围的机枪环保持无涂装金属质地的状态。涂装丙烯水粉的暗灰色（灯油黑和中性灰5）。

▲用棉棒蘸取金属色干粉涂料，在涂装了暗灰色的部分上进行涂抹，展现出金属质地色来。

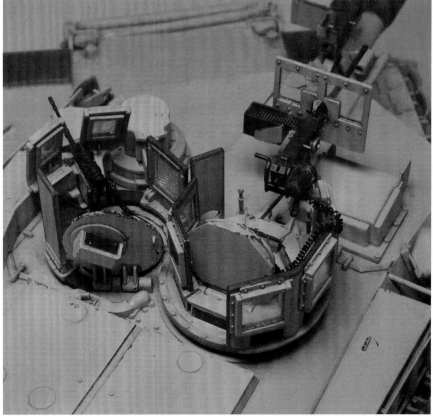

▲完成后的炮塔上部舱盖周围。M240B机枪上的AN/PAS-13热视镜上也安装上线圈线缆。

⑫ 兵人模型的制作

▲兵人模型的制作。手臂方面，使用手钻和美工刀对袖口进行雕刻处理。

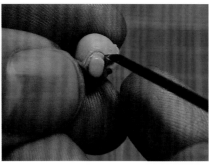

▲头盔方面，因为成型方面的问题，侧面的纹路太浅，需使用雕刻刀和美工刀雕刻，加深纹路。

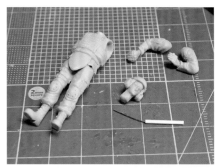

▲整形完成后的兵人模型部件。头部下方可见的是自制中的麦克风。使用0.3mm黄铜丝和塑胶板自制。

▲涂装时使用丙烯水粉颜料，首先先从脸部开始涂装。使用到的颜色分别为杏黄色、永恒红、灰棕色、白色、灯油黑。

▲组装完成后的车长兵人。手臂、手腕的角度需要经过多次安装卸除来进行调整。缝隙和不自然的部分使用TAMIYA的速干性AB补土进行整形。

▲装弹手方面，因仅有胸口以上的部分露出舱盖，所以将手臂的肘部以下部分切除掉，之后再用AB补土重新制作。因手腕前的部分无法看到，所以并未制作。

▲面部涂装完毕后的坦克车长。对太阳镜部位涂装过灯油黑之后，再涂装上丙烯聚合剂，展现出光泽来的话，感觉也会显得更加逼真。

▲完成后的坦克车长。虽然要准确地再现数码迷彩是一件很困难的事，但其实只要能掌握住花纹的大致形状，再在花纹的周围描上细点，那么大体上也就能够做到基本相似的状态了。膝部以下因放置到坦克车上后就会被彻底遮盖住，完全无法看到的缘故，所以并未进行涂装。

▲涂装迷彩服时，可在涂装基本色时显露出光线明暗之间的差距。基本色为黄赭色和白色。

▲迷彩色为在中性灰7中加入少量中性灰5和黄赭色后形成的颜色。右臂上的低可见度的补丁（标记徽章）也得到了再现。

M1A2SEP艾布拉姆斯 TUSK II完成!

完成后的市街战式样的M1A2SEP艾布拉姆斯 TUSK II。这种沙漠迷彩的艾布拉姆斯因与在初级篇中介绍的虎I同样为单色涂装,所以其制作简便的特性,也可谓是一种极大的魅力。

因为本次的内容是面向中级者水平的,所以虽然也包含了一定的细节提升工作,但制作的基本方法也和初级篇中介绍的制作法相同。经历过各种慎重的制作作业之后,各位玩家就能够将一辆威武帅气的坦克捧到手心中把玩了。

已经掌握了初级篇中各种内容的各位,还请务必参考本篇中介绍的制作法,尝试挑战一下细节提升工作。

TAMIYA 1:35 scale plastic kit
M1A2 SEP ABRAMS TUSK II
modeled by Masahiro DOI

M1A2SEP
ABRAMS TUSK II

▲TUSK II中,除增加了反应装甲之外,同时还装备了瓦片状的增厚装甲。这一点,也可以说是TUSK II的一大特征了。套件中,可根据对部件的不同选择,展现出TUSK I式样和常规的M1A2SEP式样。

▲使用塑胶材料追加再现的车体后部的车内用电话箱,提升了整体的精密感。此物是作战时供步兵一边躲藏于坦克后协同作战,一边与车内乘员取得联系用的设备。

▲▼车体与炮塔侧面的附加装甲均散发着魅力的"TUSK II"。

▲套件中精良地再现出了防狙击用的防弹板、双层的防弹玻璃和M240B机枪上的AN/PAS-13热感应器。装弹手方面，追加了通话麦克风，以UCP（数码迷彩）的配色方案进行涂装。

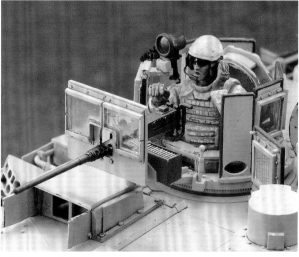

▲车长和装弹手都进行了同样的细节提升。制作范例中，还追加了搜索视镜的线缆。

第二次世界大战的德国坦克中，IV号坦克作为驮马广为人知。其中，以反坦克战斗为目的而制造的装备有长炮管75mm火炮的H型中，作为反磁性地雷的对策，部分车辆上施涂了Zimmerit抗磁性涂层。如今，Cyber Hobby推出了覆膜版的IV号H型。凭借着日本设计人员的精密设计和高精度的成型技术，该套件精美地展现出了准确的尺寸比例和细节。依靠蚀刻形成的咬合式Schürzen（增厚装甲）等也得到了再现，展现出了IV号H型的特征。

本次，以第二次世界大战时的坦克模型为主，先前曾在日文版《HJ》和《Military Modeling Manual》中担纲制作过大量车辆、立体场景模型的青木周太郎负责制作了本套件。基础制作方针上，青木周太郎尽力避免了对另行销售的蚀刻部件的使用，展开细节提升工作。接下来，我们就将对青木的整个制作过程进行详细的解说报道。

IV号坦克H型 中期生产型 w/Zimmerit抗磁性涂层
● 发 售 商/Cyber Hobby、销 售 商/Platz ●4935日元 ●1：35，约20cm●塑胶套件

制作・文/青木周太郎

对IV号坦克进行彻底的细节提升！

Pz.Kpfw.IV Ausf.H

cyber-hobby 1:35 scale plastic kit
Pz.Kpfw.IV Ausf.H Mid Production w/Zimmerit
modeled by Shutaro AOKI

1 观察套件

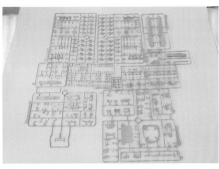

▲上图为Cyber Hobby "IV号坦克H型 中期生产型 w/Zimmerit抗磁性涂层"的套件。套件中甚至还包含了金属制的蚀刻部件，其内容堪称完美。虽然部件数量较多这一点令人感觉有些望而却步，但如果把这一点看作是"DRAGON/Cyber Hobby对细节追求的执着！"的话，其实感觉倒也确实蛮让人感动的。好了，接下来，就请各位振奋起精神来，和我们一起开始动手制作吧！

2 转轮分模线的处理和损伤表现

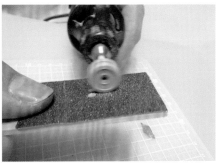

▲处理转轮的分模线时，如果能使用旋转打磨机的话，工作就会变得轻松一些。本次的旋转打磨机上，借助于3mm塑胶棍，同时安装上了2个转轮（为保持安定）。砂纸采用了较粗的100号砂纸，之后将砂纸粘贴到3mm厚的板材上使用。作业时需保持转轮与砂纸面之间彼此呈垂直状态，同时要保持耐心，以免对转轮打磨过度，造成部件的变形。同样，之后再使用400号砂纸进行最后的打磨处理。

▲分模线处理前（左）与处理后（右）。

▲使用美工刀的尖端对转轮进行切削，再现出转轮橡胶部分受到磨损之后的状态。

▲追加过磨损效果后的16个转轮。

▲用毛刷掸去转轮上的毛刺和打磨后的碎屑。

▲即便是相同的车辆，也会因为生产时期等的不同而在细节上出现不同。本套件中，根据再现的车辆不同，上部转轮和引导轮有2种搭配方式。

▲上部转轮的分模线处理方面，如照片中一样剪切下部件来之后，如能保持某种程度的连接状态的话，作业时也将更加轻松。

▲在引导轮上黏合蚀刻的环状部件。事先确认好位置，在铁丝的尖端上蘸上瞬间黏合剂，然后再在三到四处涂抹黏合剂，进行黏合。

3 消声器的磨损表现

▲尝试使用薄金属板制成的消声器展现凹陷的表现。首先，使用平锉刀，形成一定角度，动手进行打磨。

▲注意留意整体的平衡，从各种不同的角度展现凹陷。最后使用400号砂纸来完成最终步骤。

▲制作完成后的带有凹陷的消声器。从当时的实车照片来看，该部位经常会因冲撞而受损，可以此作为参考。

4 车体制作与Zimmerit抗磁性涂层的剥离表现

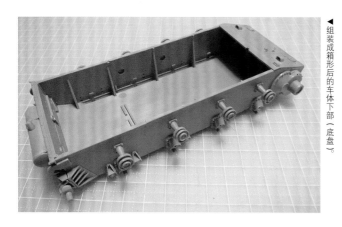

◀组装成箱形后的车体下部（底盘）。

▲动手尝试再现Zimmerit抗磁性涂层出现部分剥落时的状态。此时也可以实车照片等为参考，用笔来做好位置标记，然后再用美工刀来进行切削。炮塔也同样。

5 焊接、切削痕迹的强调突出

▲虽然套件部件也再现了车体和炮塔的结合部的装甲板焊接、切削的痕迹，但在制作时，我们可以通过对该部位进行强调，以此来增加模型的魄力。处理时，使用的是十和田技研的电烙铁。

▲使用Brain Factory制的电烙铁用烙铁笔尖，为部件添加焊接、切削的痕迹。此时，黏合时留下缝隙的部位也可以通过熔化重塑的方式来进行填补，十分方便。右侧为加工出的焊接痕迹的特写。

6 炮塔的制作与细节提升

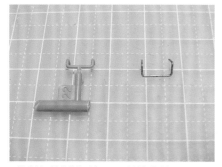

▲炮塔侧面舱盖的扶手方面，因套件部件太粗，所以需要使用金属丝来替换。本次制作中，我们使用了干花用的0.6mm铁丝。该物品不但价格便宜，且容易加工，大力推荐。

▲车长炉舱基部的环状防护装置（跳弹板）的分模线方面，可使用美工刀刀刃，以刨削的方式来进行消除。

▲将金属扶手和环状物都安装到组合好的炮塔上之后的状态。安装扶手时使用瞬间黏合剂，同时还需要填补好基部的缝隙。

7 挡泥板的破损表现和细节提升

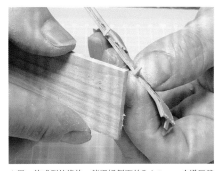

▲挡泥板部件因从车体上延伸出来，所以很容易破损。在此，我们将尝试设法展现出挡泥板的受损状态来。首先，从侧面在挡泥板的防滑板部分上随意刻画一些花纹，然后用美工刀加深花纹的纹路，再现出立体感和弯曲的模样来。

▲因一体成型的缘故，挡泥板侧面的Schürzen（增厚装甲）安装钩稍具厚度，所以需要使用粘贴到板子上的砂纸仔细地动手进行加工。

▲尝试再现挡泥板的钢板上的弯曲状态。如果就单纯只是使用钳子来进行弯曲的话，很可能会造成部件的破裂，所以，首先需要在部件上涂布流缝胶，使部件变得柔软。然后使用海绵（本次使用的是在家用洁具中心购入的吸水垫）作为垫子，夹住部件，然后再从垫子外边缓缓扭动部件的话，就能在保证不碎裂的情况下使部件变得弯曲了。

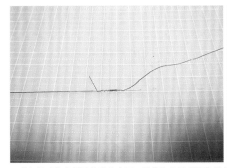
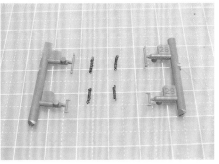

▲弹起前后挡泥板用的弹簧方面，虽然各公司都发售过各自的细节提升部件，但本次制作当中，我们还是尝试在0.5mm黄铜丝上缠绕0.2mm的铁丝，动手进行了自制。与套件部件相比，其效果完全可说得上是一目了然。

▲安装弹簧时，首先先用手钻（0.5mm）在安装部位的前后两处地方上开孔，分别插入剪切成适当长度的拉伸板材框架，安装上弹簧。

▲安装上弹簧之后，将用打火机烘烤加热过的刀刃按压到延伸出来的板材框架的一端上，让板材框架变形压扁，完成安装。如照片中所示，需要在前后左右4处上进行安装。

▲Schürzen的安装装置制作精良，使用美工刀尖端稍作刨削后，便可直接使用了。

▲背面也同样。需要注意的是，用力时若力度不均匀的话，那么形状就会出现歪曲。

▲在挡泥板周围安装蚀刻部件。车体前方2处舱盖上，使用0.2mm铜板自制锁扣部件。使用0.6mm的黄铜丝自制舱盖前方的防滑装置（凸起）。

▲左侧挡泥板上的牵引缆绳钩的固定器具（蚀刻）上，追加自制的合页。自制时使用的是右侧照片中的0.4mm焊锡线（在中央加入2根线，加工成类似形状）。工具箱的弹簧与挡泥板用弹簧相同，使用0.2mm的铁丝自制。

8 Schürzen的制作

▲Schürzen的支柱经过打薄加工，彰显出了实感。起重器固定器具为使用0.3mm塑胶板重新自制的。

▲铝板Schürzen方面，为了加强涂料和瞬间黏合剂的附着，包括其他的蚀刻部件在内，可使用100号砂纸进行打磨。

▲Schürzen内侧的安装部位方面，因套件的塑胶部件较厚，所以采用从0.3mm铜板剪切弯曲加工，自制而成。然后使用瞬间黏合剂进行黏合。

9 涂装前的状态

▲在车体后部右侧追加细金属锁链。然后再在锁链两侧用0.6mm手钻开孔，插入用弯曲成型的0.6mm铁丝，追加牵引缆绳固定用的钩子。

▲◀包括细节提升在内，大致组装完成后的状态。涂装前，先对整体进行确认。此外，因转轮和履带、Schürzen、炮塔等部位需要分别涂装，所以暂时不进行黏合。

▶ 先从基本色开始。基本色使用TAMIYA丙烯涂料的沙漠黄、纯黄色、纯白色，用喷枪对整体进行喷涂。

▶ 首先，先用TAMIYA的SUPER SURFACER喷涂进行喷涂，形成涂装的基底。此外，在对Schürzen喷涂Surfacer前，需先喷涂上Metal Primer。对整体进行喷涂Surfacer前，需先喷涂上Metal Primer。

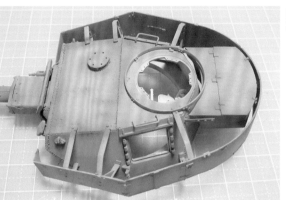

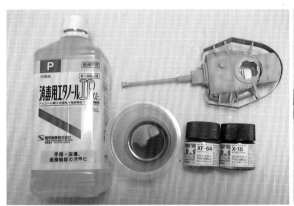

▶ 其次，进行滤色（通过覆盖与基本色不同的茶色系等的淡色涂料来展现褪色感）和明暗度的调整。将TAMIYA丙烯颜料的纯棕色和纯黑色加入到消毒用乙醇中，稀释成5倍剂量，在形成阴影的部分进行喷涂（注意换气）。顺带一提，车内已事先用纯白色进行过涂装。

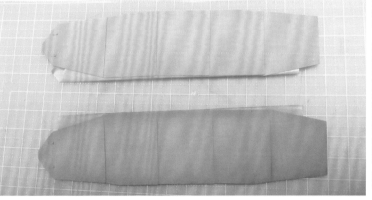

▲ 对大面积的Schürzen进行滤色。除添加阴影部分之外，还需预先设定雨水痕迹等方面的问题，一边设想方向性，一边迅速顺畅地进行喷涂。

▶ 上边为单纯的基本色，下边为经过滤色和明暗度调整后的Schürzen。此外，如果在进行滤色和明暗度调整后再进行滤色的话，之后或许就很难让明暗度迷彩涂装及呈现效果了，所以需要先在保持基本色的状态下实施。

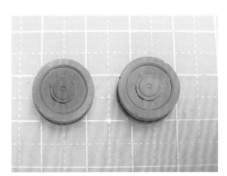

▲ 转轮也同样需要进行滤色。首先现在中心部位进行喷涂（左），然后再渐渐修整。以轴（轮毂罩）部分为中心，淡淡地覆盖上基本色。

▲ 用笔涂的方式涂装转轮橡胶。涂料为将纯白色和纯黑色（2：8）溶于消毒用乙醇，稀释后形成的产物。在转轮的轴承部位安装上塑胶棍做握把，一边不断旋转转轮，一边反复注入涂装2~3次。

11 迷彩涂装与洗涂

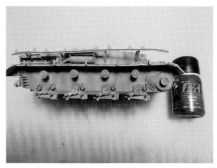

▲使用AK Interactive的Dark Mud，为车体下部涂装泥污。

▲滤色完成后，开始动手进行迷彩涂装。本次的绿色为纯绿色和纯黄色（8∶2），而棕色则为纯黄色、纯红色、红棕色（2∶1∶7）。考虑到洗涂后颜色将变得灰暗，所以需要事先将明暗度调整到较为明亮的状态。遵照涂装图中的指示说明，用喷涂的方式描画迷彩花纹。

▲为展现立体感，对整体进行"洗涂"。使用时，将MIG Production的模型用油画颜料（黑色）和泥绘颜料（用于日本画等物当中）溶解到釉质系溶剂中使用。

◀一边观察车体和炮塔整体，一边往雕刻纹路和阴影部分注入洗涂用涂料。如此一来，模型整体就会展现出紧收的感觉，而立体感也就会充分展现出来了。

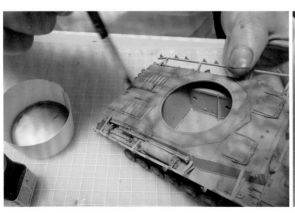

◀对全体进行过洗涂之后，估算涂料已大致半干时，再用画笔蘸取少量稀释过的刚才用于洗涂的涂料，用涂装雨水痕迹的方式散布涂装。此时，一边留意让部分泥绘颜料残留于纹路和阴影部分上，一边进行晕色固定。

12 干刷

 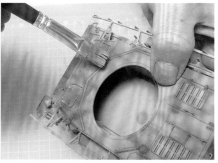 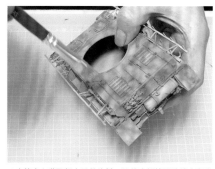

▲对于高亮部分，我们需要采用能让亮色系的颜色呈现出来的"干刷法"。使用的颜料为Humbrol Color的沙漠黄和油画颜料的白色，将2种颜色调和到与车体色并无明显违和感的状态。画笔则需使用带有一定硬度的平头笔。

▲在笔尖上蘸取极少量的涂料，让笔尖轻快迅速地在高亮部分上划过，抹上涂料。

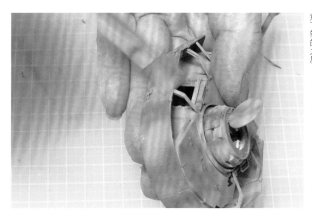 

◀炮塔也同样。要是用力过度的话，画笔就会留下痕迹，这样一来就会显得很难看，所以动手时一定要留意下笔的力度。

◀之后，经过洗涂和干刷之后，立体感也就渐渐展现出来了。我们还将继续进行旧化处理。

13 履带的旧化处理

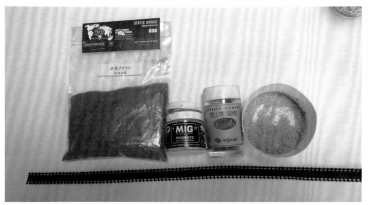 

◀履带方面，以红棕色和纯黑色为基底色，要在履带上展现附着的混有草屑的泥土表现，进行涂装。需要使用到VERLINDEN PRODUCTIONS的干粉色素和KUSAKABE的干粉色素（黄赭色）的混合粉末。

▲为了让粉末固定到履带上，首先先将Liquitex的Matte Medium溶解到温水中，用画笔涂抹到履带上。

▲用画笔将调和好的粉末撒到履带上，让其固定。

▲履带的背面也同样需要附上粉末。

▲上下2条履带均为附着上粉末后的状态。

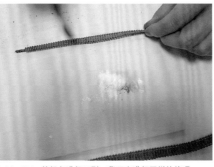

▲Matte Medium充分干燥后，再在上边用GSI CREOS水性Hobby Color的银色进行干刷。背面也进行同样的处理。

▲下方为干刷前，上方为干刷后的履带。

▲履带背面的与转轮接触的部分需要展现出较严重的摩擦效果。对于该部分，可采取笔涂MIG Productions的油画颜料（黑色）和TAMIYA釉质涂料的纯银色的方式来展现。顺带一提，釉质系涂料与油画颜料彼此配合较好，很容易混合。画笔则使用将旧画笔的毛尖剪短后的画笔。

14 车载工具（OVM）的涂装

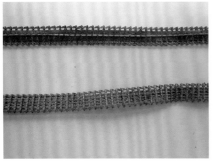

▲上边为完成状态。与转轮的橡胶相接触的部分因为摩擦而泥土剥落，所以就形成了这样的状态。

▲对斧子和铁铲等车载工具进行涂装。首先，金属部分为纯黑色和银色，让明暗度不断变化，突显出渐变效果，进行涂装。其次，再对木柄部分涂装沙漠黄和纯白色的基底色。

▲和履带一样，用MIG Productions的油画颜料（黑色）和TAMIYA釉质涂料的纯银色对金属部分进行干刷。

▲对木柄部分，一边观察色调，一边反复涂装Humbrol Color的Matte Leather、Satin Brown、MIG Productions的油画颜料（黄色），展现木纹。

⑮ 备用履带和消声器的旧化处理

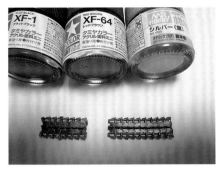

▲备用履带方面，在TAMIYA丙烯的纯黑色和红棕色中加入水性Hobby Color的银色，混合后，以喷涂的方式涂装基底色。

▲涂装铁锈色。首先先用Humbrol Color的Matte Leather进行洗涂。

▲用GSI CREOS的旧化粉彩（铁锈橙）、TAMIYA釉质涂料的纯银色、Humbrol Color的Matte Leather进行干刷。

▲一边在旧化粉彩（铁锈橙）中混入Matte Leather，一边涂装。

▲消声器也和备用履带一样，在旧化粉彩（铁锈橙）中混入Matte Leather边涂装，展现出铁锈的感觉来。

⑯ 掉漆处理

▲接下来，我们将对模型整体施行『掉漆处理』，对那些在使用中出现涂装剥落、之后显现出铁锈的部位的状态进行再现。涂料方面，以延伸性较好的釉质系涂料为主，本次使用的是MIG Productions的油画颜料（黑色）和Humbrol Color的Matte Leather。动手时，可一边设想乘员时常会触碰到的地方和容易出现损伤的地方，一边留意勿使整体过于单调，对部件进行涂装。

▲舱盖、把手和边缘部分等部位可稍微加重掉漆处理的程度。顺带一提，因为掉漆处理是一种较为精细的作业，所以笔者采用的是虽然价格昂贵，但质量较好的Winsor & Newton水彩笔。

▲之后，作为尚未生锈的新近出现的涂装剥落的部位，使用釉质系的纯白色和Matte Leather进行掉漆。尽管掉漆是一件既麻烦又需要耐心的作业，但完成后却也能够大幅度地提升实感，所以还请各位务必动手尝试挑战一番。

17 履带下垂的展现

▲为履带调整形状而使用的软木圆棍。先剪切成适当的长度，之后再使用。

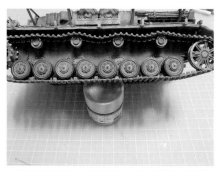

▲瞬间黏合剂干燥后，取下圆棍，就会形成照片中的模样了。同时，这样也展现出了履带的重量感。

▲真实的坦克车上，如果履带拉伸得过紧的话，就会很容易造成断裂，所以装备时需要稍稍松弛一些。因此，与上部转轮相接触的部分经常会因重力而出现下垂。为了再现这一点，本次制作中，我们采取了在上部转轮与挡泥板之间夹入圆棍，为带式履带调整出不同的形状后，再注入少量瞬间黏合剂来固定的方法。

18 粘贴贴花

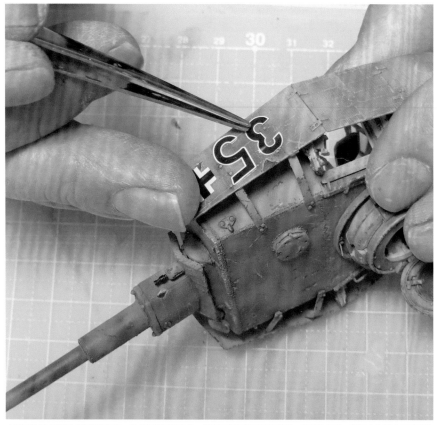

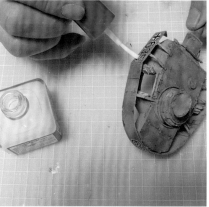

▲动手粘贴水转写式的贴花标志。作业时需谨慎小心，留意不要使贴花出现破损。决定位置时，带着少许清水动手粘贴的话，操作起来也会更加容易。

▲为了让带有起伏的部分稳固地黏贴上，可在贴花表面上涂布GSI CREOS的Mr.Mark Setter。涂布时需注意不要涂抹过量，以免贴花出现破损。

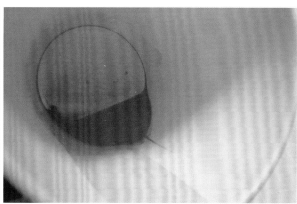

▲为抑制贴花的油光，将稀释溶解的釉质系的纯白色和Matte Leather以喷涂的方式轻轻地喷涂到贴花整体上，让整体的色调趋于稳定。此时，涂料与釉质系溶剂的比例为3∶7左右。

19 自制天线

▲因塑胶制的天线不够精良，所以使用黄铜丝动手自制。首先，在旋转打磨机的尖端上固定上比套件天线部件稍长的黄铜丝，打磨出锥度来。

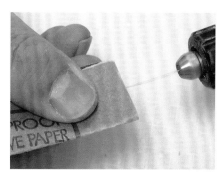

▲用100号砂纸夹住黄铜丝，让旋转打磨机旋转，让黄铜丝形成越往尖端上越纤细的形状。

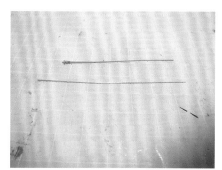

▲从照片中可看出，相较于套件自带的塑胶制天线，黄铜丝自制的天线感觉更有氛围。

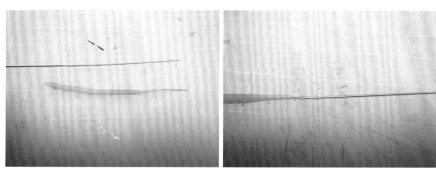

▲接下来，动手制作天线基部。基部方面，使用较细的塑胶管，用火烘烤后拉伸到合适的粗细程度。之后，一边与套件部件的基部进行比较，一边像照片中一样，再剪切得较小的2根穿过加工过的黄铜丝。

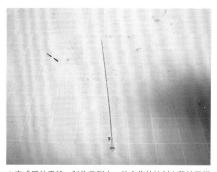

▲完成后的天线。制作范例中，从市售的蚀刻上移植了蝴蝶螺丝部件，提升了细节。

20 尘埃的再现

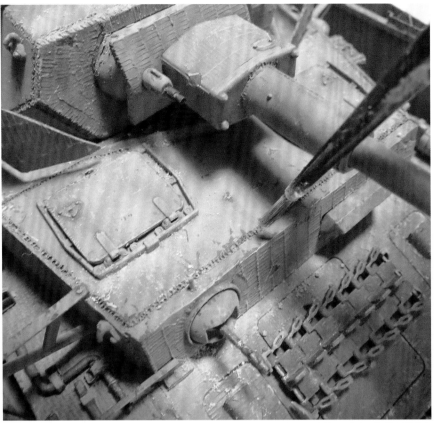

▲使用粉彩等工具来展现尘埃效果。一边思考车体缝隙间有哪些地方容易堆积灰尘，一边使用画笔让尘埃附着到车体上。

▲使用的涂料为MIG Productions的干粉涂料和KUSAKABE的干粉涂料（黄赭色）的混合粉末。

▲如果出现涂抹过度的现象，可用平头笔进行擦拭，让粉末分散开来。

21 油污的再现

▲最终步骤中，可在引擎室的舱盖上进行油污处理。使用的是MIG Productions的Oil Grease表现液。处理时，可用画笔进行滴落。

▲照片中为Oil Grease表现液。除此之外，该公司也发售有其他旧化用的各种涂料和素材，请各位务必尝试使用。

▲最后，仔细观察整体的平衡，如发现有不自然的地方，可动手进行修整。

IV号坦克H型完成！

cyber-hobby 1:35 scale plastic kit
Pz.Kpfw.IV Ausf.H Mid Production w/Zimmerit
modeled by Shutaro AOKI

　　完成后的IV号坦克H型。使用的套件方面，因部件上带有Zimmerit抗磁性涂层的缘故，所以后期便不需要再用保丽补土进行覆膜，省去了不少的麻烦。尽管本次的制作范例被算到了中级者水平当中，但因为制作步骤与先前青木在日文版《HJ》等杂志中的制作方式的几乎毫无区别，所以，只要能够制作到这样的程度，那么即便说是职业水平也毫不为过了。此外，即便不使用那些高价的另售部件，也能靠自己的构思进行这样的细节提升，这一点也请各位务必多参考。

Pz.Kpfw.IV
Ausf.H

►转轮的橡胶、挡泥板等的损伤表现，展现出了常年使用的氛围。

◄焊接痕迹的强调、Zimmerit抗磁性涂层的剥离等，在车体前部随处展现细节提升的效果。

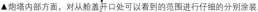

▲炮塔内部方面，对从舱盖开口处可以看到的范围进行仔细的分别涂装。

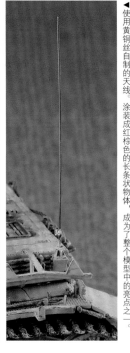

▲使用黄铜丝自制的天线。涂装成红棕色的长条状物体，成为了整个模型中的亮点之一。

▶装备于各部位的OVM（车载工具）和Schü-rzen的支柱等，制作难度和观赏性都极为充实。

▲Schürzen可轻易地摘卸，可随时观赏享受装备，去除的不同状态。

PANTHER
April 1945, Germany

DRAGON 1:35 scale plastic kit
Sd.Kfz.171 PANTHER G LATE PRODUCTION use
the diorama built by Takuji YAMADA

挑战立体场景制作！

Sd.Kfz.171 豹式G后期型

● 发售商/DRAGON、销售商/青岛文化教材社 ● 3990日元
● 1：35，约25.7cm ● 塑胶套件

制作・文/山田卓司

在中级篇中，我们最后为众位带来的是使用到坦克模型的立体场景（情景模型）的制作法。立体场景不光只是坦克，因为制作时还要在基底上再现出包括周边风景在内的所有细节，所以相较于单体车辆的制作，自然需要花费更多的时间。但是，有了这样的舞台装置之后，也确实更能衬托出坦克的帅气，具有着无以取代的魅力。

尽管很多玩家都认为立体场景制作的门槛很高，但如今，各大模型厂商都分别推出了配合各种各样的环境的兵人模型、建筑物、植物和小工具等立体场景用的各类素材。如果能够灵活运用这些素材的话，就能轻松简单地再现出真实的情景来了。

在此，我们将为众位介绍的是先前曾以日文版《HJ》为中心大展身手的立体场景制作者"情景王"山田卓司动手的一部立体场景作品。作为立体场景中的主角，我们选取了DRAGON的1：35比例豹式G后期型。配合该车辆，我们也将主题设定为第二次世界大战末期的欧洲战线。我们将依照顺序，分别对车辆、建筑物、兵人模型和基底的制作法展开解说。本篇中浓缩了足以供各位向立体场景制作发起挑战的各种入门技巧。如果众位已经掌握了先前我们所介绍的各种制作方法，那么就不妨一起来看一看吧。

1 豹式的制作

▲准备好钳子、刀具、锉刀等使用顺手的工具。镊子方面，需要根据不同的场合分别使用。黏合剂最好也能根据干燥时间的不同分别使用。

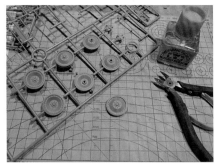

▲成对的转轮方面，可配合水口痕迹黏合。本次使用的TAMIYA LIMONENE CEMENT，虽然干燥有些缓慢，却便于统一水口痕迹。

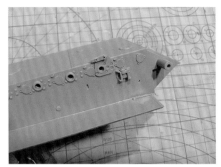

▲总体来说，DRAGON的说明书里存在有一些难以理解的地方。比方说，G25和C20（C19）等图中绘出的是已经黏合上的状态，所以一定要留意到各个细节部位。

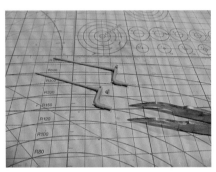

▲摆臂上要黏合很小的部件，千万不要忘记。同时，也要留意不要在操作时把部件弄飞、弄丢。

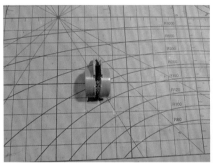

▲车体最前部的部件G7（G6）上虽然存在切削痕迹的纹路，本次还需要再用刀划出细小划痕来进行强调。

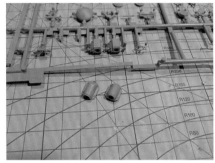

▲为了展现细节上的差别，套件中准备了多套部件。本次设定为M.A.N的类型，排气管防护装置使用了铸造方式制造的C3（C4）。

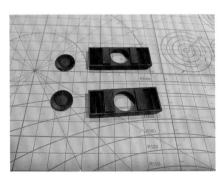

▲组装之后，散热器和冷却风扇就几乎看不到了，但如果保持成型色的话，有时也会让人不禁担心有能看到的角度，所以事先先将2个部件涂成纯黑色。

▲通风机基部的四角形纹路需要删除。先使用钳子，然后再依次用刀、锉子进行处理。注意处理时不要损伤到周围的纹路。

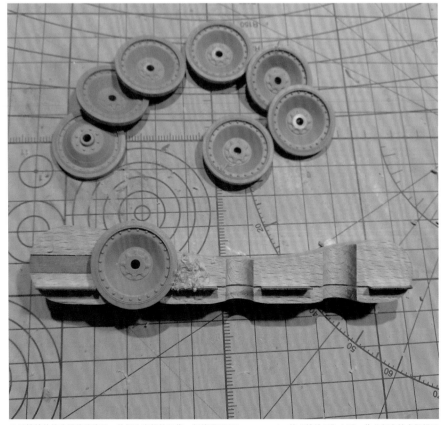

▲尽管转轮的分模线消除是一件极为麻烦的工作，但使用了Shimomura-alec的"转轮君"之后，作业起来就会轻松不少。只不过，事先还需要将水口痕迹删除干净。

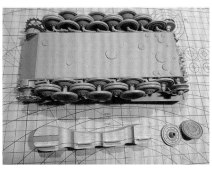

▲使用了"转轮君"之后，大约1个小时左右就能结束削除分模线的工作。此时，可以动手尝试进行临时组装。此外，转轮方面，在之后动手涂装完毕前，都不可以黏合上。

▲潜望镜方面，对玻璃面进行遮盖。虽然有些麻烦，但还是需要一边用游标卡尺测量尺寸大小，一边剪切遮盖胶带，盖住玻璃面。

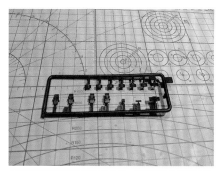

▲潜望镜需要先涂装过银色之后，再用纯黑色进行涂装。揭开遮盖胶带，如有出现涂装遗漏，可使用牙签或竹串尖来进行削落。

▲为固定基底，可在车体内安装六角螺帽。虽然因为有扭力杆的存在，需要对孔洞的场所进行考虑，但如果选取的场所较好，那么悬挂也就会变得可动了。

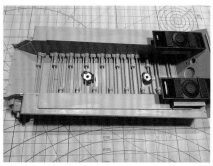

▲使用塑胶材料围住六角螺帽，稳固黏合，避免松动。本次制作中，为保险起见，在与车体的黏合部位上填充了瞬间黏合剂"CYANON"。

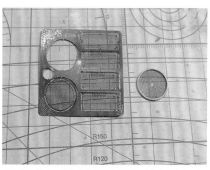

▲事先先用primer对蚀刻部件进行涂装。本次先用Gaianotes的Gaia Multi Primer涂装上一遍。

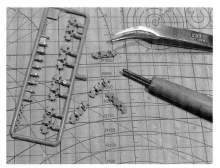

▲豹式的履带存在有悬挂部位，剪切部件时，使用雕刻刀进行剜挖处理的话，操作起来将会较为轻松。留意要垂直安装Guide Horn。

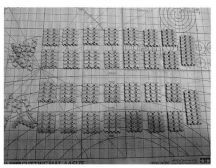

▲为了便于掌握数量，先5枚5枚地黏合起履带来。为了形成自然的下垂，可将组装说明书中的枚数指定（81枚）看做一种考量。

▲没黏合完一侧之后，就用流缝胶系的黏合剂一口气黏合上去。此时也推荐使用TAMIYA LIMONENE CEMENT。趁着还能进行弯曲的半干状态的时机安装。

▲履带因重量而下垂，形成自然的曲线之后，在履带与车体之间的缝隙中塞入手帕纸，放到一旁。等黏合剂完全干燥固定之后，再撤去手帕纸。

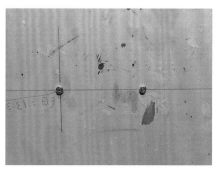

▲虽然履带的接地面都需要配合不同场景制作出凹凸的形状来，但因为本次的地面是石板地面，所以可以让接地面保持平整的状态。因此，在履带固定之前，需要在胶合板上钉上螺丝。

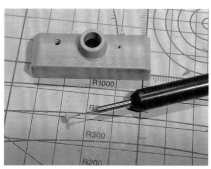

▲护盾上的车载机枪孔方面，尽管事先已经刻有纹路，但因为成型的缘故，该纹路感觉较浅，用钻子将孔洞加深一些，感觉或许会较为放心一些。

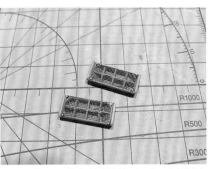

▲虽然网格也可以粘贴到车体的侧面上,但因为车体内部装有风扇部件,会造成喷涂时将涂料卷入的状况,因此需要另行涂装。

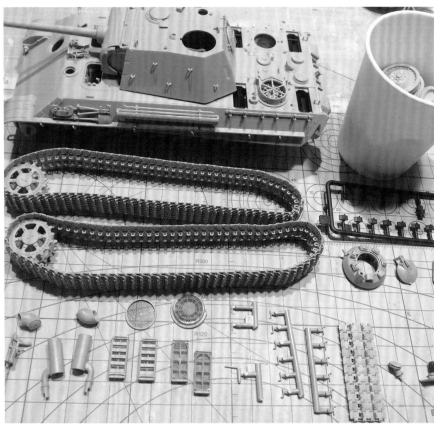

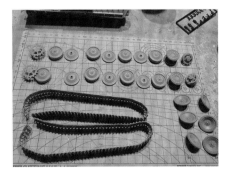

▲履带和引导轮方面,为了展现出在地面上摩擦后露出钢铁基底的状况来,履带周边,各个转轮和履带都需要分别涂装。如果觉得麻烦,也可以先一体化,之后依照具体的情况来进行喷涂。

▲涂装前的状态。坦克模型方面,虽然也可以采取全部组装好之后再进行涂装的办法,但将部件拆散到某种程度后再分别进行涂装和旧化的话,感觉动起手来要更轻松一些。

2 豹式的涂装

▲涂装转轮外沿的橡胶部分。稀释TAMIYA丙烯涂料,用笔沿着纹路进行涂装的话,感觉要更轻松一些。此外,不将橡胶涂成纯黑色也能展现出更浓的真实感来。

▲使用红木色涂装过底色后,整体喷涂一遍发胶,使用暗黄色和暗绿色进行迷彩涂装。之所以要喷涂发胶,是为了之后涂抹水或者发胶来溶解发胶层,展现出刮蹭后出现的掉漆现象。

▲将AK Interactive的STREAKING GRIME稀释到ODORLESS PETROL(无臭PETROL)中,对全体进行涂装。

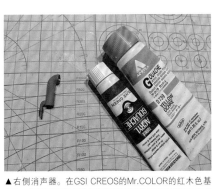

▲右侧消声器。在GSI CREOS的Mr.COLOR的红木色基底上，涂装用丙烯水粉颜料的军绿色和黄赭色调和出的暗绿色。

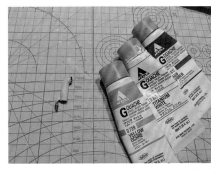

▲左侧消声器方面，涂装过红木色之后，涂装用丙烯水粉的钛白色、黄赭色和生赭色混合成的暗黄色。

▲用釉质系涂料溶剂让丙烯水粉的涂膜变得柔和，再用竹签轻戳，露出下底的红木色来，展现涂料因高热而发生剥落的状况。

▲使用用于竹签的焊接工作的擦刮刷（小型的硬毛刷）的话，便能一次性地让涂料出现细小的剥落痕迹了。使用时，不要直接用擦刮刷在表面上擦刮，而是轻轻地敲击表面。

▲履带方面，同样也使用红木色涂装基底色，稀释TAMIYA丙烯涂料的沙漠黄和补土，随机涂抹到履带上，展现泥污。2种涂料重叠混合到一起也无妨。

▲掉漆处理过程。涂抹酒精，溶解涂层间的发胶，致使外侧的涂料出现剥落，露出下底的铁锈色。此时使用的工具为牙刷。

▲用Odoless Petrol稀释AK Interactive的釉质涂料"KURKS EARTH"，涂抹到轮带周围的螺栓等细节部位上。

▲在车体下方进行泥污处理。将AK Interactive的"AFRICA DUST""KURKS EARTH""DAMP EARTH"混合到一起涂抹，展现出车身上干、湿不同的变化。

▲展现车轴周围的泥污堆积的部分。趁着刚才的涂料还未干燥，播撒颜色不同的干粉涂料，展现色彩的变化。

▲此时，为车载工具中的铁铲、铁锤等物品的木柄部分涂装基底色。首先，用溶剂慎重地剥落涂装，然后再涂装Mr.COLOR的淡茶色。涂装时需注意，避免出现漫溢。

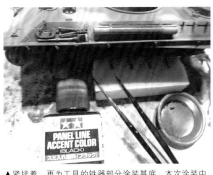

▲紧接着，再为工具的铁器部分涂装基底。本次涂装中，我尝试使用了沉淀到瓶底而未曾摇匀的TAMIYA入墨涂料中的黑色。

▲用笔蘸取少量TAMIYA PAINT MARKER的CHROME SILVER，对启动轮的齿轮和转轮外围等磨损后露出的银色部分进行干刷。

▲使用黑铅的干粉涂料来展现磨损后的朦胧光芒。先在涂料皿中倒入少量干粉涂料，用指尖蘸取，然后再涂抹到部件上。

▲也可以使用铅笔来展现磨损后的钢材。配合希望展现光芒的部位，对笔尖进行切削，涂抹石墨。如果先前能干刷上CHROME SILVER的话，效果更好。

▲铅笔也同样适用于履带表面凸起的磨损表现。如果铅笔的笔尖难以伸到需要涂抹的部位上，那么也可以采取将石墨笔芯擦到砂纸上，打磨成粉末后进行涂抹，或者是直接使用刚才提到的黑铅的干粉涂料。

▲对车体各部位进行涂料剥落（掉漆）处理。先涂抹酒精，然后再用竹签轻捅或剐蹭，让涂料出现剥离。

▲雨痕泥污的表现方面，需用到油画颜料中的「MARS BLACK」和「RAW UMBER」。首先，先用笔轻轻勾描出雨痕的花纹来。

▲使用蘸有溶剂的笔，按由上至下的方向轻轻拂拭涂抹到部件上的油画颜料，自然地展现出晕色来。粗细和间隔方面，可对照整体的比例来进行调整。

▲对燃料注入口周围进行旧化处理。模仿油污滴落的状态，涂装AK Interactive的「Engine Oil」。泥污方面，可播撒「TRACK RUST」的干粉涂料。如果能够使用油污保留下湿润光泽的话，还能更真实地展现出氛围来。

③ 周遭建筑物的制作

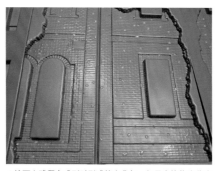

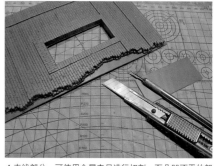

▲本次制作使用的是MINI ART的"工厂墙壁"。因该部件为塑胶真空成型的缘故，所以稍稍需要一些技巧。但是，因为该部件既轻盈又便于加工和涂装，所以是一件值得向众人推荐的部件。

▲墙面上残留有成型时形成的小凸起。如果直接将这些小凸起削掉的话，那么墙面上就会出现孔洞，所以需要使用在内侧填充瞬间黏合剂（CYANON）。

▲直线部分，可使用金属直尺进行切割，而凸凹不平的部分则可用钢针在部件的周围（稍稍偏向外侧）进行描摹，然后再轻轻掰下，轻松地进行切割。

▲剪切开部件后，一边留意结合缝不要出现偏斜，一边对部件进行组合、黏合。黏合剂干燥前，可使用书夹等物品来进行按压。

▲部件的结合缝方面，可使用电焊烙铁一边熔化，一边使其变得顺贴。如果缝隙过大，可切下小块的部件剩余部分，用烙铁使之熔化顺贴，填埋缝隙。

▲用刀刃在砖墙垮塌的断面的基底上进行雕刻。这时候，如果有超声波切割器的话，作业就会更加轻松一些。

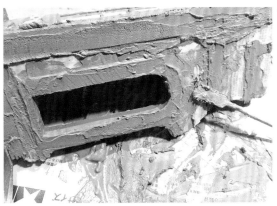

▲建筑物的门窗方面，因为设定于在砖墙上涂抹泥灰的场景，所以需要涂抹miracon（墙壁补修材料）。不希望涂抹的部分，需要遮盖胶带事先做好覆盖工作。

▲如果直接涂抹miracon的话，或许会让人感觉在色彩调和方面存在有一定的违和感，所以使用在丙烯水粉颜料钛白色中混入少量生赭色后形成的颜色进行涂装。

▲使用10mm厚的泡沫塑胶为基底人行道增厚。结合缝处涂抹Liquitex的Light Modeling Paste，干燥后再用砂纸打磨平整。

▲货车方面，本次使用的是适合于基底尺寸的Mini Art的部件。该部件细节方面较为精美，使用的方式也比较灵活。

▲砖石地缝的纹路方面，涂装溶于酒精中的TAMIYA丙烯涂料的纯黑色进行洗涂。同时动手进行入墨。

4 坦克兵模型的涂装

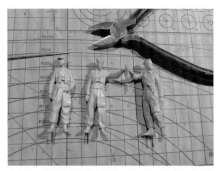

▲首先，用手钻在鞋底上开孔之后，插入固定用的工具（1mm黄铜丝）。孔洞的深度方面，如果最深处恰巧处在靴子和裤脚交界处的话，模型就会变得容易折断，需尽量避免。

▲使用白色Surfacer为下底进行涂装。补土修整后，若出现有斑点，先涂装灰色来遮盖，最后再用白色完成涂装之后，需让涂料充分干燥。

▲在肌肉阴影部分上涂装用溶剂稀释过的TAMIYA釉质涂料的纯肉色和棕色。之后再如同为车辆做入墨处理一样进行加工，使细节显得更为出色。

▲留下暗色，使用稀释过的纯肉色和纯黄色对肌肤肤色进行基本涂装。高亮（较为明亮的部分）部分则让其隐隐透出基底的白Surfacer来。

▲展现出了用肌肤色单色来区分的明暗变化后，再加深脸颊、耳朵和鼻子的红润色泽。使用的同样也是稀释涂料，涂装时展现出细微的色彩变化感。

▲裤子（泥灰色）的下底涂装。稀释溶解Field Gray、Flat Brat、Flat White，在形成阴影的部分堆积涂装涂料。

▲黑色上衣方面，用纯黑色和纯白色调和成暗灰色，稀释后在细节部位上进行堆积涂装。

▲徽章类物品方面，如能使用TAMIYA"德军士兵军阶徽章贴花套装"的话，制作起来也会较为轻松。决定好各士兵的军阶，贴上徽章类之后，涂抹贴花软化剂，放到一旁，直到贴花贴合到纹路上为止。

▲肩章上挂有望远镜绳带的部分，用刀刃削掉肩章。最后再重新审视整体，如发现有不自然的地方，随时修整，完成制作。

▲在炮塔上坦克兵站立的地方上，配合脚底的黄铜丝固定针的大小开孔。将固定针插入孔洞中，固定好模型之后，再从内侧涂抹涂黏合剂，黏合固定。

5 立体场景基底的制作

▲在木质面板周围粘贴上3mm厚的龙脑香木，制作出凸起的部分。高度以制作内容来决定。本次为了配合建筑物的纵向尺寸，因而其高度需适度。

▲基底方面，使用绘画用品店等地可入手的木质面板（本次使用的是F4尺寸）来进行制作。在边缘上粘贴3mm厚的龙脑香木作为凸起的部分。

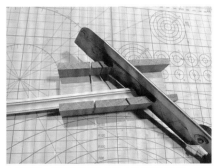

▲接下来，切割出围绕在外围上的装饰材料来。使用SHIMOMURA-ALEC的角度切割工具，牢牢摁住装饰材料，以45度角进行切割。

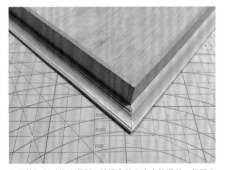

▲尽管切割时较为顺利，并没有什么太大的误差，但因为出现了微妙的缝隙，所以需要用补土来进行填埋。

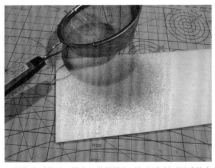

▲制作木质补土。首先，使用漏勺对切割木材时形成的木屑进行筛选，选取颗粒较小的木屑（电动工具的木屑盒中的木粉使用起来也较为方便）。

▲在粉末状的木屑中混入木工用黏合剂，制作出较为黏稠的木质补土，填埋缝隙。如此时黏合剂的量太大的话，那么之后上色时就会出现两者彼此相斥的现象，需要注意。

▲对框架部分进行上色。本次使用了在家装中心购入的木部着色剂。该物品为水性涂料，色彩丰富。

▲配合基底凸起内侧的尺寸，用裁纸刀裁切出大小适合的泡沫塑胶板（本次使用的板材厚度为10mm），嵌入到框架中去。

▲裁切出安设建筑物的部位，分割出建筑物套件的基底部分，在各处配置露出的砖石。之后，填埋上miracon（墙壁补修材料），撒布较大的瓦砾。

▲砖瓦建筑物的瓦砾方面，因为墙砖四处散落，所以还需要自己动手制作出一些墙砖来才行。将5mm厚的泡沫塑胶板切割成小块。

▲对切割出的小块泡沫塑胶进行仔细切割整形。照片中这种名为"碎切机"的工具，可在大量裁切相同大小的物品时发挥出极其方便的效能来。

▲尝试设计编排场景中的主要物品，检查整体。图中，马车所处的地点与面前的豹式稍有重合，因此需要将该物品稍稍往右侧挪动一些。

▲使用泡沫聚苯乙烯制作出大致的形状来，再在上边黏合剪切成型的墙砖。黏合时使用泡沫塑胶用黏合剂。顺带一提，这种黏合剂为透明色，且不侵蚀塑胶，所以也可以用于黏合透明部件。

▲用丙烯水粉颜料调制出墙砖的颜色，涂抹到崩塌的墙砖部分上。涂抹时要注意，千万不要走样，同时还要尽可能避免漫溢到瓦砾间留下缝隙。

▲使用丙烯水粉涂料的钛白色、生赭色、深黑色来调配地面的色彩。稀释时，可使用清水或水性丙烯涂料的溶剂。

▲如果墙砖的涂料出现漫溢现象，可使用蘸水的笔来擦拭。即便多少还有些残留，也因为可以再增加墙砖来进行填补，所以并没有什么太大关系。地面上的铁丝为豹式固定孔的标记。

▼用干刷的方式涂装地砖。虽然其后还要撒布墙砖，所以有一部分的涂装并没有意义，但涂装时却还是需要尽可能仔细涂装，不要出现残留。

▼涂抹地面。即便有部分涂抹到墙砖上也没什么大碍，色彩的边界不要太清晰，稀释涂料的浓度，进行晕色。

▼将砖块先粘贴在地面上，准备将余下的部分散落在各处，所以放入杯中浸泡染色。

▼Miracon定型后敲碎形成的瓦砾。如果碎片尺寸过大的话，感觉就会有些不自然，所以一定要留心将碎片敲碎。

▲将着色后的墙砖摊开到透明薄膜（聚丙烯制）上干燥。注意干燥时不要让墙砖相互重叠。

▲涂装完毕后的墙砖。如果对细节方面还有修整的话，可用砂纸打磨，再或者制作出断裂裂缝来，形成不同的感觉。

▲安置好马车，撒布过墙砖和瓦砾后，使用Liquitex的Matte Medium进行固定。若保持原状的话感觉有些难以涂抹，所以可以适当稀释。稀释时务必要留意，若稀释过头的话，黏合的强度就会出现问题。

"豹式 1945年4月 德国" 完成！

舞台为1945年4月，战争结束前的德国国内。立体场景尝试再现了为突破包围网而出击的豹式坦克和乘员们的身姿。建筑物、小山一样的瓦砾、坦克，地面上还存在有高低落差，通过对每个重点都突显出亮点的办法，为整个模型增添了张弛度，形成了颇具魄力的立体场景模型。

尽管本次介绍的制作法其门槛并不算太低，但其难度却也并未达到那种无法模仿的地步。众位不如就以此为参考，尝试涉足到立体场景制作的世界中来吧。

▼丢弃的货车方面，使用的是MINI ART的"马车"。

▼立体场景的尺寸为：横36cm×宽27cm×高25cm。

▲同样使用MINI ART的"工厂墙壁"再现出的遭到破坏的工厂。通过在周边配备墙砖和瓦砾的手段来增加真实感。

◀▲▼立体场景的主角豹式G后期型使用了再现度较高的DRAGON的套件。制作范例中，通过对豹式进行选择，在车体后部排气管上装备带风斗的灭火器，然后只在最后部分安装钢制转轮（刚好被坦克兵给挡住了），从而再现出战争结束前的生产的样式来。

▲坦克兵模型方面，使用了较具存在感的ALPINE的制品。照片中的模型选自"德军 坦克乘员#2"。

▲▼汽油罐选自TAMIYA的"德军 汽油罐套装"。通过变换不同的角度，坦克和围绕在周边的风景也会展现出各种各样的氛围来。而这一点，也正是立体场景模型的魅力之一。

▲炮塔上的2名坦克兵也是ALPINE的制品。此处使用的是"奥托·卡利乌斯与下士套装"，展现出了上阵前商议战术时的战场氛围。

第3章
坦克模型制作范例集
TANK MODEL COLLECTION

接下来，我们将为众位介绍一些在日文版《HJ》中大展身手的坦克模玩人带来的制作范例。刊登的制作范例均为初级篇和中级篇中解说过的制作技巧，同时也加入了一些职业模玩人独有的高级技法制成的范例。希望能继续提升制作技术的读者们，在认真动手实践过本书中介绍的制作方法后，还请多多参考这类职业模玩人的制作范例。虽然其中也存在一些难以在一朝一夕中模仿学会的部分，但这些职业模玩人也并非天生就具备了这等技巧的。不惧失败，不断挑战，迟早一天，您也一定能制作出足以令您一鸣惊人的作品来的……这样想象一番，您的心中是否也同样感觉到热血沸腾了呢？

十式坦克

TAMIYA 1:35 scale plastic kit
JGSDF TYPE 10 Main Battle Tank
modeled by Kenichi INOUE

"第1机甲教育队 第2陆曹教育中队所属车"

2013年，在1：35比例MM系列中不断推出日本陆上自卫队历代国产坦克的TAMIYA，推出了制品化的第4代最新锐的十式坦克（量产型）。除了基于精细采访后获得的良好细节之外，该套件还凭借着极力减少部件数量等方法，降低了套件本身的组装难度，形成了完美继承MM系列亮点的一件作品。

日文版《HJ》的现役AFV模玩人井上贤一彻底担纲，动手制作了本套件。制作时，制作者获得了日本陆上卫队的协助，对实车进行拍摄，对各部位进行研究，实施了细节提升工作。为了活用这套质量优良的套件，制作者极力避免使用市售部件，采用黄铜丝和塑胶板等素材也是整个模型制作过程的重点之一。

日本陆上自卫队 十式坦克
●发售商/TAMIYA ●4830日元 ●1：35，
约27.3cm ●塑胶套件

▲标志使用了套件附带的贴花，再现了第1机甲教育队第2陆曹教育中队所属的"95-5942"。各潜望镜镜片部分粘贴了HASEGAWA TRYTOOL的"Hologram Finish"，展现出了现役坦克的氛围。

TAMIYA 1：35比例 塑胶套件

日本陆上自卫队 十式坦克

制作·文/井上贤一

▌开篇

本套件中的部件数量较少，即便是初学者，也能放心动手开始制作，其内容值得推荐。本次制作中，我极力避免了使用蚀刻等细节提升部件，尽量利用了手边所有的各种素材。此外，借助于第1机甲教育队第2陆曹教育中队的全面协助，再现出了实车摄影制作的十式坦克。

▌炮塔及轮带周围

虽然该车型装备有大型的装甲侧裙，一眼看去，车体周围的设计似乎较为复杂，但其部件构成却极为简单。本车特征性的前照灯的部件构成也可谓构思精密，制作完成后实感充足。本次制作中，车灯镜片部位使用了迷你车用的镜片部件。此外，细节提升工作方面，削除了把手和方向盘等的纹路，用黄铜丝和塑胶板重新动手制作。车体后面的牵引缆绳则用1mm不锈钢制缆绳替代了套件中的部件。

▌炮塔

炮塔也灵活运用了实车的面板线条，部件构成极为巧妙，动手组装时也较为轻松。此时也需对一体成型的部分纹路重新制作，同时还要对铸模中省略掉的部分螺栓等细节进行追加。炮塔上较为显眼的各舱盖固定用的锁链方面，也用手边的细链进行了再现。根据实地拍摄的实车印象，在各潜望镜部位上粘贴嵌入了TAMIYA的HOLOGRAM FINISH。

▌涂装

因为套件中附带了实拍车辆"95-5942"的贴花，所以制作起来较为顺利。

涂料方面，因制作时未能入手TAMIYA指定的色彩喷涂罐，所以准备了GSI CREOS的Mr.COLOR"日本陆上自卫队坦克色套装"，各位可根据喜好自行编排搭配色彩。因为设定中为新车，所以旧化处理需要尽量减少。

◀灯光类内侧，使用0.3mm焊锡滚边。

▲用1mm镀金铜丝追加橡胶装甲侧裙内侧的踏脚处。标记踏脚处位置的黄色三角形标志也得到了再现。

▲前照灯使用sakatsu制3mm Projector Lens来再现。牵引钩可动部也追加了细节纹路。

▲套件再现了操控手舱盖的滑轨等细节部位。制作范例中，追加了固定用锁链。

▲在主炮的炮口以及炮口瞄准镜的罩子等部位上用手钻轻轻开启孔洞，追加细节。

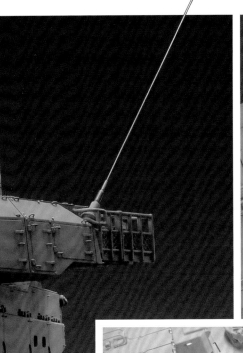

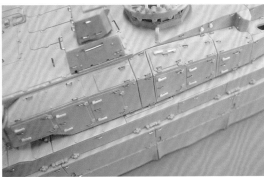

◀▲车长用舱盖的枪架轨道的孔洞方面，使用手钻全部开孔。各部位把手为0.4mm直径，伪装网用环圈则用0.3mm直径的黄铜丝来代替。

◀▼侧面模块的各面板的把手方面，削除原先的纹路，用以0.3mm塑胶板自制的部件进行替换。下图为制作顺序。

①把手纹路　②用裁纸刀削除　③黏合上用塑胶材料制作的部件　④完成制作的部件

◀▲套件附带的坦克车长和炮手兵人模型方面，对装甲帽的麦克风和耳机周围进行滚边。最终工序是由井上的太太动手完成的。舱盖周围追加的固定用锁链，设定到了打开时所定位置上。M2机枪方面，在枪架安全栓上追加锁链，对枪口进行开孔。

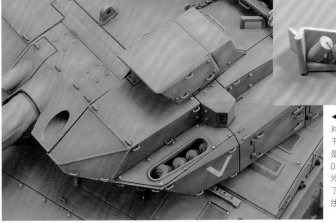

◀▲烟雾弹发射器方面，对最前部的形状进行若干修整。盖子上的拉线是用2根捻合到一起的0.1mm铜丝自制的。此外，侧面模块前方追加了部分被省略掉的面板线条。

▲▶在环境感应器的护栏部位追加一根横棒。使用0.3mm黄铜丝和0.3mm塑胶板自制车后货框内侧的金属架，然后再将套件附带的网格部件摊平粘贴上。左侧的追加货框前后分割为2部分，进行加工。

▲车体后部下面的面板上也追加了细节。
▶车载工具类方面，尽管实车上进行了涂装，但握柄部分还是露出木纹，展现出经常使用的状态来。较小的握把纹路等方面可进行追加纹刻，展现出立体感来。

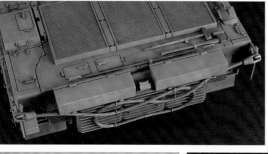

▼炮管注意标志，为使用0.1mm铜丝悬挂上的CAD打印出的制品。

▲周遭确认装置（后方用）上，使用0.3mm焊锡进行滚边。牵引缆绳的缆绳部分则用烧钝的1mm不锈钢缆绳进行替换。安装到网格架上的环圈钩子则使用0.3mm黄铜丝来再现。

▲同时还动手制作了一些在实车拍摄时可看到的小工具。炮口覆面为使用木工用黏合剂黏合的OD色布料和细绳，轮挡本体为一次性筷子，绳缆则是用木工用黏合剂固定的黄色和黑色的线条。护盾开口部的盖子为LIGHT LENS和0.3mm黄铜丝制成。

1991年的海湾战争中，面对美军的M1坦克，苏联的T-72可谓是大败亏输。其后，基于T-72的设计，对整体车型进行了彻底改良后，1993年，俄罗斯陆军制式采用的主力坦克就是图中的这辆T-90了。T-90中，在追加"Contact-5"反应装甲和自我防御系统的同时，还对主炮、射击管制装置和夜视装置进行了升级。其特长就在于，将坦克性能提升到了因价格过高而数量较少的T-80的水平上。现如今，俄罗斯厂商ZVEZDA以1：35的比例套件化了这辆T-90。

在林哲平为众位带来的这辆彻底细节提升的制作范例中，制作者对套件实施了反应装甲的切割加工、使用金属丝自制天线和更换履带等加工。此外，制作者还尝试挑战了使用MXpression的"Panzer Putty"的迷彩涂装。

（初出：日文版《Hobby Japan》2012年6月号）

T-90

ZVEZDA 1:35 scale plastic kit
RUSSIAN MAIN BATTLE TANK T-90
modeled by Teppei HAYASHI

RUSSIAN MAIN BATTLE TANK

▼装备于炮塔和车体上的颇具特征性的"Contact-5"反应装甲。主炮的炮口方面，使用GSI CREOS的瞬间黏合补土修整了段差。

▶装备于炮身两侧的"TShU-1"自我防御系统的OTShU-1-7电磁·红外线投影机的红色镜头发散着存在感。

俄罗斯 T-90
●发售商/ZVEZDA、销售商/GSI CREOS●4200日元
●1：35，约28.6cm●塑胶套件。

▲炮管方面，如果保持套件原先的状态的话，热护套的固定用具就会呈现出倾斜的状态来，所以需要对炮管的根基进行切削，将固定用具修整到正上方。

ZVEZDA 1：35比例 塑胶套件

俄罗斯 T-90坦克
制作·文/林哲平

▌制作

与实车进行对比后发现，原先本以为是分模线的部分有时其实是实车上的细节，所以动手制作时需务必注意。有关这方面的问题，因《T-90&T-90A主力坦克照片集 日语版》(Hobby Japan刊/2520日元)中登载了多幅实车的照片，所以推荐将该图册作为参考资料来进行对比。

本次制作中，有3处主要的细节提升重点。首先是炮塔的"Contact-5"反应装甲。尽管套件中3块连成了一体，但因为实车上是微妙地偏斜着装备的，所以此时需要用蚀刻锯将该部件切割开来，整形完成后再黏合到炮塔上去。

其次是天线。因为T-90的天线具有着带段差的独特形状，所以需用镍银丝和黄铜管来动手自制。如此一来，也就能够展现出金属素材独有的高度精密感了。

最后是履带。实车的履带方面，侧面连接部的中心带有凹陷，但在套件中该部位却并未能够得到充分的展现。当然了，即便使用套件中的部件，其效果也已经不错，但本次制作中，我还是使用了MINIARM的树脂制可动履带。此外，如果使用了套件的履带的话，也可以采取切下突出于侧面的凸起的办法。实车当中，侧面并没有凸起的部位，而切下之后，制作起来也会相对轻松一些。

▌涂装

基本涂装使用了GaiaColor。本次制作中，我尝试对迷彩使用了一种名为Panzer Putty的遮盖用新素材。实车的迷彩边界上因存在有少许晕色的部分，相较于笔涂的方式，这样的方式反而更具真实感。

黑色=纯黑色（50%）+青15号（50%）

沙黄色=暗黄色（50%）+灰绿色（20%）+纯白色（30%）

绿色=橄榄绿（50%）+鲜绿色（50%）

基本涂装后，稍微使用了TAMIYA入墨涂料的棕色和黑色进行洗涂。喷涂Flat Clear消光后，使用干粉涂料、粉彩和Weathering Master进行轻微的旧化处理。

▲车前灯方面，在内侧粘贴反光胶带，再现车灯的反光。照片中安装了附属于OTShU-1-7的罩子部件。

◀◀因套件的装甲侧裙上的铆钉不够明显，使用Master Club的0.8mm铆钉再现。炮塔的备用弹仓盒上，用蚀刻部件追加固定用的带子，再用以瞬间黏合剂固定的手帕纸来再现罩子。

▲OTShU-1-7的镜头方面，在内侧涂装透明红。炮塔的"Contact-5"方面，将单侧整体成型的部件切割成3块，稍稍偏斜开后再安装上去。

▲激光探知器和"Buran-PA"夜视瞄准装置等各类透明镜头部件方面，使用320~2000号砂纸和化合物来消除毛刺，粘贴HASEGAWA的透明Hologram Finish来再现镜头的内部。

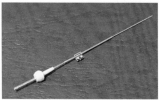

▲用0.4mm镍银丝和0.6mm黄铜管相互组合，制作天线。中间的凸起用DYMOTAPE和0.8mm铆钉制成。

▶NSVT机枪后部，用0.5mm塑胶管进行滚边。

◀◀位于12.7mmNSVT机枪下方的"Agate-S"车长用侧，追加内部贴有反光胶带的镜头部件，嵌入涂装有较淡的透明蓝的镜头部件。因有些车辆在炉舱前的增厚装甲上追加了防弹板，所以使用0.5mm塑胶板来进行再现。

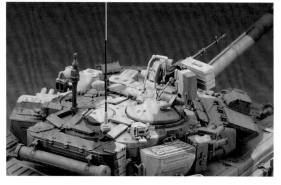

▲履带使用了更贴近实车细节的Miniarm的"T-90A、C用可动履带套装"。照片的上方为套件的履带，下方为Miniarm的履带。

▶炮塔后部的水下呼吸管箱上，使用0.8mm铆钉和Model Kasten的蝴蝶扣追加细节。因实车的箱子中央贯通过一条焊接痕，所以结合缝并未消除。

▶备用油罐和脱离泥沼时用的圆木，彰显出了俄罗斯坦克的独特之处。

▲引擎网罩使用了STUDIO27的"蚀刻网格C"。

使用"Panzer Putty"进行迷彩涂装

深沉与重量感来。避免塑胶的透光，在完成后彰显出和青15号对部件整体涂装下底色。使用黑色系的颜色来涂装下底色。▶首先，使用GaiaColor的纯黑色

▲结构复杂且较为细小的部件，因涂料难以绕及整体，所以需要分别进行涂装。

▲迷彩涂装方面，使用MXpression的"Panzer Putty"。对于T-90这样的段差较多、形状复杂的坦克的遮盖工作来说，这是一件极有效果的工具。

Putty对迷彩花纹进行遮盖。沙黄色混合成的灰绿色、纯白色混合成的▶用暗黄色、灰绿色进行涂装。接着，再用Panzer

土的迷彩涂装法是最适合的。现象，所以使用Panzer Putty和油性粘中，因迷彩花纹边界上稍稍存在有晕色盖后，迷彩涂装完成。实车的3色迷彩▶用橄榄绿、鲜绿色进行涂装。揭去遮

坦克模型 制作指南

从部件组装的初步到立体场景的制作

STAFF

[作例制作 Modeling]

青木周太郎　Shutaro AOKI

井上贤一　Kenichi INOUE

土居雅博　Masahiro DOI

林哲平　Teppei HAYASHI

山田卓司　Takuji YAMADA

[照片 Photos]

葛贵纪　Takanori KATSURA（Inoue Photo Studio）

河桥将贵　Masataka KAWAHASHI（Studio R）

高屋洋介　Hiroyuki TAKAYA（Studio R）

本松昭茂　Akishige HOMMATSU（Studio R）

[设计 Design]

仲快晴　Yoshiharu NAKA（ADARTS）

[编辑 Assistant Editor]

早坂沙織　Saori HAYASAKA

林哲平　Teppei HAYASHI

[编辑 Editor]

中嶋悠　Haruka NAKAJIMA

丹文聡　Fumitoshi TAN

图字：07-2014-4340

图书在版编目（CIP）数据

坦克模型制作指南从部件组装的初步到立体场景的制作 / 日本 HOBBYJAPAN 株式会社著；袁斌译 . — 长春：吉林美术出版社，2015.3（2018.7重印）

ISBN 978-7-5386-9324-9

Ⅰ.①坦… Ⅱ.①日… ②袁… Ⅲ.①玩具 - 模型 - 制作 - 日本 Ⅳ.① TS958.06

中国版本图书馆 CIP 数据核字（2015）第 012567 号

坦克模型制作指南
从部件组装的初步到立体场景的制作

原作品名：戦車模型製作の教科書

〜組み立ての初歩からディオラマ製作まで〜

译　者：袁斌

出 版 人：赵国强

责任编辑：陈志男

技术编辑：郭秋来

封面设计：刘淼

出　　版：吉林美术出版社

　　　　　（长春市人民大街 4646 号）

发　　行：吉林美术出版社

　　　　　www.jlmspress.com

印　　刷：吉林省吉广国际广告股份有限公司

版　　次：2015 年 3 月第 1 版　2018 年 7 月第 3 次印刷

开　　本：889mm×1194mm　1/16

印　　张：6

印　　数：8001-12000 册

书　　号：ISBN 978-7-5386-9324-9

定　　价：42.00 元